"十三五"江苏省高等学校重点教材

高等职业教育"互联网+"新形态一体化教材

产品设计二维表达

主　编　李　炜　李嵇扬

副主编　廖　丽　段　伟　康　晨　顾浩浩

参　编　周　文　许慧珍　陈　龙　张天成　顾宇杰

主　审　段林杰

SketchBook
&CorelDRAW

机械工业出版社

CHINA MACHINE PRESS

本书是以教育部颁布的《高等职业学校工业设计专业教学标准》为依据，在充分调研基础上，结合学校教学实际和企业人才需求编写的。

本书分为三篇，共八章。技能基础篇包括产品设计二维表达基础知识、SketchBook 与 CorelDRAW 软件使用基础、二维表达光影基础；技能进阶篇包括 SketchBook 与 CorelDRAW 造型表达、SketchBook 与 Corel-DRAW 光影及上色表达技巧、SketchBook 与 CorelDRAW 材质表现、产品效果图表达案例介绍；综合表达篇包括设计案例二维表达解析。

本书可作为高等职业院校工业设计专业、艺术设计专业教材，也可作为相关从业人员的参考用书。

本书采用四色印刷，配套资源丰富，有大量教学视频以二维码形式植入书中，学生用手机扫描二维码即可观看、学习。本书还配有精美电子课件和大量图片素材，凡使用本书的教师可登录机械工业出版社教育服务网www.cmpedu.com 注册后免费下载。咨询电话：010-88379375。

图书在版编目（CIP）数据

产品设计二维表达/李炜，李嵇扬主编. —北京：机械工业出版社，2021.12

高等职业教育"互联网+"新形态一体化教材
ISBN 978-7-111-69373-4

Ⅰ.①产…　Ⅱ.①李…②李…　Ⅲ.①产品设计-高等职业教育-教材　Ⅳ.①TB472

中国版本图书馆 CIP 数据核字（2021）第 206140 号

机械工业出版社（北京市百万庄大街 22 号　邮政编码 100037）
策划编辑：刘良超　责任编辑：刘良超
责任校对：郑　婕　封面设计：鞠　杨
责任印制：常天培
固安县铭成印刷有限公司印刷
2021 年 11 月第 1 版第 1 次印刷
184mm×260mm · 12 印张 · 292 千字
0001—1000 册
标准书号：ISBN 978-7-111-69373-4
定价：59.80 元

电话服务　　　　　　　　　网络服务
客服电话：010-88361066　　机　工　官　网：www.cmpbook.com
　　　　　010-88379833　　机　工　官　博：weibo.com/cmp1952
　　　　　010-68326294　　金　书　网：www.golden-book.com
封底无防伪标均为盗版　机工教育服务网：www.cmpedu.com

前言

本书是"十三五"江苏省高等学校重点教材（编号：2020-2-179）。本书受苏州工艺美术职业技术学院新形态一体化教材建设项目资助。本书是以《高等职业学校工业设计专业教学标准》为依据，以培养学生的创新能力和实践能力为目标，在充分调研基础上，结合学校教学实际和企业人才需求而编写的。本书适用范围广，重点突出、特色鲜明，进一步深化了教育教学改革，融合了中华传统文化思想，促进了高等职业教育的内涵建设及推动了高等职业教育课程改革和教材建设。

全书内容建立在充分调研的基础上，紧跟信息技术发展和产业升级的发展要求，以板绘和矢量绘图相结合的方式进行教材内容开发。本书共分为三篇，分别为技能基础篇、技能进阶篇和综合表达篇，层层递进地从二维软件效果图表达的基础知识逐渐过渡到专业的案例解析、绘制。同时，全书以职业能力为核心构建章节学习任务，章节中的每个小节根据学生学习习惯，按照"任务要求→技能点学习→任务练习→任务拓展"的思路来编写，打破了以往枯燥的命令式讲解方式并弥补了知识点无法有效运用于实践中的不足。通过学习本书内容，学生可有效提升产品二维表达的学习兴趣及学习信心。

本书采用四色印刷，纸质书内容和信息化资源建设同期策划，书中主要的教学案例可通过扫描二维码观看，课后练习材料通过网络平台免费开放，有助于实现学生与教材互动、学生之间互动、师生互动等互动交流对话分享的教学方式，真正实现"便于教，易于学"的目的。

为弘扬中华传统文化，本书找准关键、突出重点，以汝瓷、太湖石、明式家具三个案例作为载体，围绕工匠精神、传统文化审美、传统人文精神、传统文化的当代转化展开，让学生逐步形成符合本学科的科学创新精神和研究态度，潜移默化地接受思想洗礼和情感陶冶，成为"有理想、有本领、有担当"的新时代大学生。

本书由苏州工艺美术职业技术学院李炜、李秫扬担任主编，四川交通职业技术学院廖丽、包头职业技术学院段伟、常州机电职业技术学院康晨、浙江机电职业技术学院顾浩浩担任副主编，武汉职业技术学院周文、浙江机电职业技术学院许慧珍、常州机电职业技术学院陈龙、安徽机电职业技术学院张天成、苏州万宝贸易有限公司顾宇杰参与了本书编写。

武汉职业技术学院段林杰教授审阅了本书并提出宝贵意见，在此表示衷心感谢！

由于水平有限，书中错漏和不当之处在所难免，恳请广大读者批评指正。

编　者

二维码索引

目录

综合表达篇

目录

技能基础篇

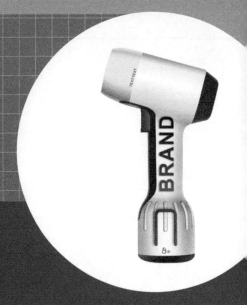

第 一 章

产品设计二维表达
基础知识

【学习目标】

1) 了解产品设计二维表达在设计流程中的角色及产品设计二维表达的要求。
2) 对 SketchBook 与 CorelDRAW 有初步认识。
3) 了解 SketchBook 与 CorelDRAW 的特点。
4) 了解 SketchBook 与 CorelDRAW 日常训练及出方案时的注意事项。

【学习重点】

软件特点。

【学习难点】

SketchBook 与 CorelDRAW 的异同。

产品设计二维效果图有多种表达方式，包括纯纸质文档表达方式、纸质文档+电脑二维表达方式和电脑二维表达方式。不管哪种方式，都需要长时间的学习和积累才能熟练掌握，就像学习手绘一样，需要由简单到复杂，由低阶到高阶，由浅到深。学习电脑二维表达，首先要突破学习手绘时的一些固有认知。例如，手绘是不断往画面（纸面）上叠加内容，并且只有一个图层，即纸张；而电脑二维表达既可以叠加，又可以删除，还可以修改，其图层是无限的。传统手绘与电脑二维表达有诸多区别，但二者又有互补之处，在产品设计中具有同样重要的地位。下面就介绍一些产品设计二维表达的基础知识。

第一节　产品设计二维表达简介

【学习要求】

了解产品设计二维表达在设计流程中的角色；了解产品设计二维表达的要求。

一、产品设计二维表达在设计流程中的角色

产品设计二维表达在设计流程中属于产品设计阶段。产品设计阶段就是创意设计的整合阶段，产品设计师有针对性地进行造型创意设计，通过不断地优化设计方案，协调该产品在外观、色彩、细节、特性以及功能等方面的复杂关系，从而对创意的可行性加以论证，使其更具可操作性，然后运用计算机辅助设计软件完成产品外观二维效果图和三维效果图，并最终完成模型样品的制作。产品设计阶段一般包含六个步骤，如图 1-1 所示。

图 1-1　产品设计阶段

二、产品设计二维表达的要求

产品设计二维表达常用的表达形式有概念草图、快速效果图、精细效果图、视图效果图以及外观尺寸图等。随着产品设计的发展，二维软件的应用逐步扩展到数码电子产品、交通工具等设计领域，已经成为设计行业常用的表现手段之一。产品设计二维表达要求设计师熟练掌握材质表现、光影效果以及细节的工艺特征，能够迅速变换产品色彩，修改线条、表面纹理和形体比例，提高设计效率。产品设计二维表达不仅要求设计师对设计工具能够熟练运用，还要求设计师对产品的光影表现和形体特征有深入理解。

第二节　产品设计二维表达软件——SketchBook 与 CorelDRAW

>> 【学习要求】

了解产品设计二维表达的特点；了解 SketchBook 与 CorelDRAW 在二维表达中的优势。

一、产品设计二维表达的特点

产品设计二维表达采用软件绘图，具有可撤回性，画错或者效果未达预期时可以撤销并重新绘制。在二维表达软件中，设有一点透视、两点透视及三点透视的工具选项。在绘制时，只需要激活相应的工具选项即可轻松绘制产品草图或效果图，比传统手绘透视更具准确性，从而大大提高了设计师的设计效率。软件工具栏中有色彩选择器，各个色阶的色彩非常丰富，设计师可以为产品选取任意合适的色相。塑造产品形态后，设计师可在软件材质库中选取不同材质，赋予场景中的不同物质，然后调节现有材质的质感、光影变化，以产生真

实、美观的效果。以木质音箱产品的材质表达为例：塑造好木质音箱产品的造型后，在外壳上粘贴木纹材质贴图，即可实现木质纹理效果；再根据音箱的质感调节光源，产品效果图就会更加具有真实感。

二、产品设计二维表达相关软件介绍

产品设计二维表达软件一般分为矢量绘图软件和位图绘图软件，市场上的设计软件种类繁多，功能特点各有千秋，难以定论孰优孰劣，设计师可以根据不同软件的侧重点和自身的工作需要进行取舍，没必要全部学习，但作为一名优秀的设计师，有必要熟练地掌握一种矢量绘图软件（如 CorelDraw、Illustrator）、一种像素绘图软件（如 Photoshop、Painter）和一种工程绘图软件（如 AutoCAD、CAXA）。

在产品设计领域，不同设计阶段需要不同的设计表达方式，也就需要采用具有不同特点的二维设计软件。主流二维设计软件的特点及设计表现类型比较见表 1-1。

表 1-1 主流二维设计软件的特点及设计表现类型比较

软件名称	图像类型	主要特点	适用的设计表现
Photoshop	位图	图像处理软件，功能强大、表现丰富细腻，支持电子手绘，适用设计创造和后期处理	快速效果图、精细效果图
Painter	位图	手绘软件，画笔丰富、专业，支持电子手绘功能，适合创意表现	概念草图、快速效果图
CorelDRAW	矢量图	图形编辑软件，交互性强、精度高，适合绘制平面图和有规则外形的产品效果图	效果图、尺寸图
Illustrator	矢量图	图形编辑软件，交互性强、精度高，适合绘制平面图和有规则外形的产品效果图	效果图、尺寸图
ClipStudioPaint	位图	按照工业设计师的设计思想和设计流程而开发的 CAID 系统，提供 2D/3D 解决方案	概念草图、快速效果图
SketchBook Pro	位图	手绘软件，画笔简单、专业，支持电子手绘功能，适合创意表现	概念草图
SketchBook Designer	位图、矢量图	手绘+图形编辑软件，功能专业，支持电子手绘功能，适合创意表现	概念草图、快速效果图
AutoCAD	矢量图	交互式工程绘图系统，专业性强、绘图精度高	工程图、尺寸图

本书重点讲解如何使用 SketchBook 与 CorelDRAW 软件进行产品设计二维表达。

三、SketchBook 与 CorelDRAW 在二维表达中的优势

手绘软件 SketchBook 的出现与应用，在一定程度上既延续了传统手绘的独特性与自由性，又维持了电脑软件的精确性和真实的模拟效果，从设计和技术方面更能体现电脑手绘的价值。SketchBook 已经成为产品设计中不可缺少的必要软件。从设计效果表达上看，它出图速度快，效果可与 3D 效果图媲美，是设计师与客户沟通的利器，也是设计师记录生活灵感的必备工具。同时 SketchBook 可以分图层进行绘制，这样就可以导出带图层的 psd 文件至 Photoshop，利用 Photoshop 强大的笔刷及丰富的滤镜进行进一步细节刻画。

CorelDRAW 能够胜任家用电器、机械设备、交通工具、数码电子、珠宝首饰等多个领域产品的设计工作，在帮助设计师绘制方案的同时，也便于设计师管理素材资料、整合设计信息，有效提高设计效率。在 CorelDRAW 中，产品线条绘制及色彩设计具有参数化可逆及

精确的特点。CorelDRAW 支持几十种文件格式，与众多主流设计软件的文件格式兼容，同时可以导出 dwg、dxf 等格式文件至主流三维设计软件中进行编辑或三维建模。

作为矢量图软件的 CorelDRAW 可以和位图软件 SketchBook 方便地进行工作衔接。利用 CorelDRAW 绘制好的线框图可以导出为 png、jpg 等图片文件格式，输入至 SketchBook 进行着色处理。这两个二维软件搭配使用，不仅可以让产品设计的二维表达更为专业，而且使设计流程中二维至二维、二维至三维的工作更自由。

第三节　日常训练及出方案时的注意事项

▶》【学习要求】

了解 SketchBook 日常训练及出方案时的注意事项。

学生在日常应勤做练习，以便熟练掌握线条绘制与颜色填充、图形对象的编辑与管理、文本工具的基本操作与应用、交互式特效调节与应用、位图的管理与应用、文件打印与输出等基本操作，注意把所学理论知识运用到实践中，掌握软件使用方法，从而完成产品二维效果图设计。

在熟练掌握二维表达设计软件使用的基础上，学生应进一步理解并掌握软件中常用的绘图工具和绘图命令，能根据自己的创意、构思，运用软件对产品的外观设计、色彩设计、质感的表现等进行产品二维效果图绘制。

出方案文件时，需要使用文件输出功能。不同软件的文件输出功能各有不同。

使用 SketchBook 在保存文件时要注意选择保留图层；输出为图片时，注意将 jpg 文件质量保存为最佳质量。CorelDRAW 的文件输出种类分为位图输出和矢量图输出，输出时应尽量将文件中的文档内容进行文字转曲线操作，以防其他电脑上因缺少字库造成文档变形或文字缺失；CorelDRAW 绘制线框后可将文件输出至 AutoCAD、Rhino 等三维软件，一般输出文件格式为 dwg、dxf 或 ai。

CorelDRAW 经常与 Photoshop 搭配使用，CorelDRAW 文件输出至 Photoshop 有三种方法：

1）在 CorelDRAW 中选取相应的对象，复制，然后在 Photoshop 中建立新文档，粘贴。这种方法称为剪贴板法，特点是简便易用，不用生成中间文件，缺点是图像质量差，由于是通过剪贴板进行转换，图像较粗糙，没有抗锯齿（ANTI-ALIAS）效果。

2）在 CorelDRAW 中使用"输出"（有些版本为"导出"）功能，将 CorelDRAW 制作的矢量图输出为位图。这种方法生成的图像，相较于剪贴板法质量有所提高，比较常用。

3）使用 CorelDRAW 的"输出"功能将矢量图输出为 eps 文件格式，然后在 Photoshop 中使用"置入"功能，来达到矢量图向位图的转换。这种方法主要的优点是输出为 eps 文件后，图形仍是矢量图形，最后在 Photoshop 中进行位图栅格化。

TiPS 输出 eps 文件。

1）在 CorelDRAW 中完成矢量图，选定要输出的部分。

2）选择"输出"，选择"只有选取部分"选项，格式选择"eps"，为输出文件命名，单击"确定"。

3）启动 Photoshop，新建大小适当的图像文档，在"文件"菜单中选择"置入"，并选择 CorelDRAW 输出的 eps 文件，此时在新图像文档中将出现图像框，可拉动图像框改变其大小（按住【Shift】键可约束长宽比例），最后在框中双击鼠标左键确认，图像即被置入到 Photoshop 中。

使用这种方法时要注意几个问题。

1）在 Photoshop 中，应勾选"首选项"中的"抗锯齿"选项。

2）eps 文件格式是印刷行业的通用格式，所以其内部色彩采用的是 CMYK 格式，在输出 eps 文件过程中，一些超出 CMYK 色域的色彩会被转换。

3）一些过于复杂的图像（例如包含太多的渐变填充），在转换过程中容易出错。

总结：在对图像要求不高时，可使用简便快捷的剪贴板法或位图法；在要求较高的场合（如制作印刷稿时），可使用 eps 文件格式，以获得较高的图像质量。

第 二 章

SketchBook与CorelDRAW
软件使用基础

【学习目标】

1）熟悉 SketchBook 与 CorelDRAW 的操作环境与性能。

2）掌握使用 SketchBook 与 CorelDRAW 进行创作时的基本设置、操作方法和常用工具等。

【学习重点】

1）熟悉 SketchBook 与 CorelDRAW 的操作界面。

2）掌握 SketchBook 中的图层设置、画笔选择与设置。

3）掌握 CorelDRAW 中泊坞窗的使用方法。

4）掌握 CorelDRAW 中线稿的绘制和填色。

【学习难点】

1）使用 SketchBook 进行手绘与传统手绘的手感不同，初学者需要根据自己的习惯自定义画笔参数，以选择适合自己的画笔。

2）使用 CorelDRAW 绘制线稿时需要不同工具配合使用。

第一节　SketchBook 基础知识介绍

【学习要求】

熟悉 SketchBook 操作界面，掌握 SketchBook 基本操作，在学习完本节后，能够使用 SketchBook 绘制简单的产品图，能够完成拓展练习部分的样图绘制。

一、数位板介绍

在"互联网+"时代，作为数字表达的重要工具之一，数位板拥有了越来越广阔的应用空间，无论是刚接触产品设计的学生，还是专业设计师或 CG 爱好者，都可以通过数位板淋漓尽致地展现激情创意，尽享科技发展的便捷与乐趣。本书以 Wacom 数位板（图 2-1）配合 SketchBook 进行讲解。

图 2-1　Wacom 数位板

二、数位板软件 SketchBook 操作界面介绍

第一次打开 SketchBook 软件时，呈现的是默认的 UI 操作界面。图 2-2 所示为 Sketch-Book 完整操作界面。

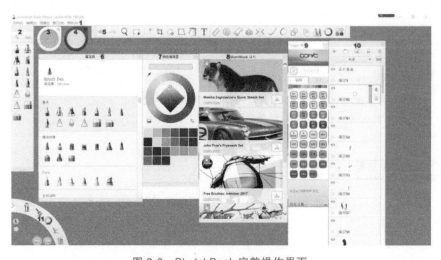

图 2-2　SketchBook 完整操作界面

1—文字菜单栏　2—画笔选项板　3—画笔圆盘　4—颜色圆盘
5—工具栏　6—画笔库　7—颜色编辑器　8—SketchBook 福利
9—Copic 库　10—图层编辑器　11—环形菜单

（1）文字菜单栏　如图 2-3 所示。

（2）画笔选项板　如图 2-4 所示，可以根据自身绘画习惯选择所需画笔并进行参数设置，还可以自定义画笔。

（3）画笔圆盘　如图 2-5 所示，通过手写笔在画笔圆盘上、下、左、右拖移，可以快速调整画笔的大小和透明度。

（4）颜色圆盘　使用颜色圆盘可以创建新颜色（图 2-6）。如果软件界面中没有显示颜色圆盘，选择"窗口"→"颜色圆盘"即可在界面中显示出来。

图 2-3　文字菜单栏

图 2-4　画笔选项板

图 2-5　画笔圆盘

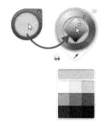

图 2-6　使用颜色圆盘
创建新颜色

使用手写笔在颜色圆盘内拖动可以改变亮度和饱和度。要改变画笔颜色，可单击颜色圆盘的中心，打开颜色圆盘和拾色器。

有三种方法可以激活拾色器 🖊：颜色圆盘、颜色编辑、使用热键【Alt】或者【I】。拾色器使用步骤如图 2-7 所示。

a)

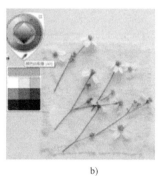

b)

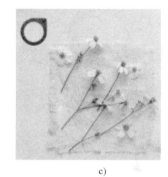

c)

图 2-7　拾色器使用步骤

1）单击颜色圆盘的中间，以访问拾色器 🖊。

2）单击拾色器 🖊，然后移动到所需颜色上，中间的圆盘会显示当前颜色。

3）单击要拾取的颜色，画笔颜色即变为该色。

（5）工具栏　默认界面中，工具栏（图 2-8）位于画布的顶部。用户可以隐藏工具栏，以获取更大的工作空间。工具栏包含了 SketchBook 大部分工具。当用户选择工具时，会有二级工具栏显示在其下方（图 2-9），二级工具栏包含与当前活动工具一起工作的其他工具。

图 2-8　工具栏

图 2-9　二级工具栏

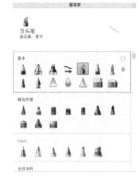

図 2-10 画笔库

TIPS 哪个工具处于激活状态？

单击工具栏中的工具，被选中的工具显示为蓝色，表示其处于激活状态。当有两个或多个工具显示为蓝色时，意味着它们都处于激活状态。例如，可以同时选择对称工具和形状工具。

（6）画笔库 如图 2-10 所示，在画笔库中可以根据需要选择各种画笔，以满足不同使用场景的需要。

（7）颜色编辑器 颜色编辑器包含用于选择颜色的颜色圆盘，用于抓取颜色的拾色器，用于创建自定义橡皮擦的透明颜色，用于访问 HSL、RGB 和随机滑块的按钮以及色块。

颜色编辑器带有一组默认的标准色块，如果要添加自定义颜色，可用鼠标左键在颜色圆盘上选取颜色，然后在上方的颜色条中单击左键不放，拖动该颜色至下方色块组合中，松开左键，即完成添加自定义颜色（图 2-11）。

第一次运行 SketchBook 的颜色编辑器如图 2-12 所示。

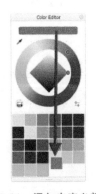

图 2-11 添加自定义颜色

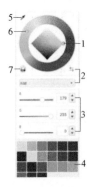

图 2-12 第一次运行 SketchBook 的颜色编辑器

1—彩色调色板-饱和/亮度滑块 2—RGB、HSL、随机化 3—RGB 滑块
4—定制调色板 5—拾色器 6—彩色色轮-色调 7—透明颜色

（8）SketchBook 福利 如图 2-13 所示，在"窗口"下拉菜单中单击"SketchBook 福利"，可访问在线画笔库，选择合适的画笔进行下载和使用。

（9）Copic 库 如图 2-14 所示，Copic 库包含插图和设计两种预定义色块选择，可以创建自定义色库并访问互补色。

（10）图层编辑器 如图 2-15 所示，图层是 SketchBook 的主要组成部分。图层可以帮助设计师在绘画时规划内容，通常用于复杂的绘图和项目。

（11）环形菜单 环形菜单默认位于界面左下角，用户可以自定义其位置。它同样包含了 SketchBook 许多有用的功能，通过手写笔手势动驱动，单击图标，用手写笔向一侧拖动想要的工具，当工具高亮显示时，抬起手写笔即可（图 2-16）。

环形菜单功能如图 2-17 所示，主要有：①界面控制；②视图控制、画布、变换工具、标尺、椭圆、图层、水平镜像和垂直镜像；③画笔；④颜色和透明色；⑤选择、编辑和图层转换工具；⑥打开、保存、新建、下一个图像和上一个图像；⑦显示当前激活工具；⑧显示当前颜色；⑨撤销/重做。

产品设计二维表达

图 2-13　SketchBook 福利

图 2-14　Copic 库

1—最小化/最大化色库　2—预设库　3—色彩库
4—互补色　5—最小化/最大化自定义库
6—自定义色库　7—无色混合笔

图 2-15　图层编辑器

图 2-16　环形菜单手势驱动

图 2-17　环形菜单功能

三、SketchBook 的基本操作方法

1. 新建与打开文件

第一次打开 SketchBook 时，软件已经按默认设置创建了画布，可以通过各种工具来定制画布的大小。需要注意的是，在常规设置中最好勾选"启用旋转画布"（图 2-18），这样在绘画时，可以旋转画布，方便绘制。

图 2-18　启用旋转画布

创建新画布时，可以在环形菜单中选择 和 图标命令创建；也可以使用热键【Command】+【N】（Mac 系统）或【Ctrl】+【N】（Windows 系统）创建。

在 SketchBook 中打开文件时，可选择 ▣ 并右键单击 ✎，选择文件，打开。

在 SketchBook 中首选项中，默认勾选"添加图像：导入到新图层"，在添加图像时，会自动创建新图层，并将图像添加到其中（图 2-19）。该功能在需要添加图像作为参考进行绘画时非常有用。添加图像的方法是在图层编辑器中，单击 ▣ 浏览图像文件，然后选择所需图像并打开。

图 2-19　勾选"添加图像：导入到新图层"

TiPS　如果设计师一直在一个图层绘画，并向该图层导入一个图像，会发生什么呢？在没有勾选"添加图像：导入到新图层"的情况下，图像导入到启用的图层中时，会覆盖先前的绘画内容。这也是软件将其设为默认启用的原因。但是，如果设计师习惯在一个图层上绘画，或可用的图层数有限，那么应当取消勾选此选项。

2. 保存与输出文件

通过 SketchBook 完成的作品可以导出为 jpg、png、bmp、tiff 和 psd 文件格式。分图层的 psd 文件可以被完整保存（导入和导出），包括图层名称、组和混合模式，这样可以使用 Photoshop 进行细节描绘。SketchBook 默认保存格式为 tiff 文件格式，也可以在首选项中自定义为 psd 文件格式（图 2-20）。两种格式的文件都可以在 Photoshop 中打开并进行编辑。

如需导出其他格式，可选择"文件"→"另存为"，如图 2-21 所示，可选择的文件格式如图 2-22 所示。

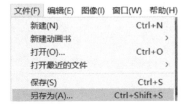

图 2-20　保存格式　　　　图 2-21　另存为　　　　图 2-22　可选择的文件格式

3. 画布设置

打开 SketchBook 时，软件都会创建默认画布。默认画布的尺寸对应于显示器屏幕的宽度和高度。如果想更改画布的默认尺寸，可以通过首选项或在新建画布时设置。

TiPS　为什么要改变画布的尺寸？

根据计算机的性能不同以及所需创建图片分辨率和大小不同，需要对画布尺寸进行调整。一些功能强大的计算机可以处理非常大的画布，如 8192 像素×8192 像素，而有些计算机则需要将画布尺寸减小，否则会影响运行速度，反而降低设计效率。

图像输出格式决定分辨率设置。如果是网络发布的作品，分辨率达到 72dpi（像素/英寸）就可以。而对于印刷品，分辨率可能需要达到 150dpi 甚至 300dpi。SketchBook 中分辨率的单位

产品设计二维表达

有像素/英寸、像素/厘米、像素/毫米，一般选择设置为像素/英寸（图2-23）。

像素表示屏幕分辨率（在显示器上看到的）；而dpi表示打印分辨率（用于用喷墨打印机打印图像的墨水点数），简单来说，数值越大，图片越清晰。画布尺寸可在"文件"→"编辑"→"首选项"中设置，勾选"使用窗口的宽度和高度"，输入宽度和高度（单位有像素、英寸、厘米和毫

图 2-23　画布单位设置

米）。32位操作系统版本中，画布尺寸最大可设置为6400像素×6400像素；64位操作系统版本中，画布尺寸最大可设置为8192像素×8192像素。

TIPS 设置用于打印的最大画布尺寸分析及建议。

打印输出图像时，分辨率是以每英寸像素点数（dpi）来衡量的。因此，在输出打印时需要确定图像的像素大小，并选择打印分辨率（150dpi 或 300dpi）。例如，在电脑版本的SketchBook中，打印时以A2幅面输出为例计算：以150dpi打印A2幅面的图像，画布尺寸需要设为2475像素×3510像素；以300dpi打印A2幅面的图像：画布尺寸需要设为4950像素×7020像素。

在开始绘画之前，确认图像大小和分辨率是否合适。若要检查或更改图像大小，可以在菜单中选择"图像"→"图像大小"进行设置。A系列纸张尺寸设置参考值见表2-1。

表2-1　A系列纸张尺寸设置参考值

幅面	（宽/mm）×（高/mm）	（宽/in）×（高/in）
A1	594×841	23.4×33.1
A2	420×594	16.5×23.4
A3	297×420	11.7×16.5
A4	210×297	8.3×11.7

4. 热键

热键是分配给环形菜单、菜单命令或单个工具的键组合或按钮。熟练掌握热键操作，将极大提高SketchBook绘画速度。在电脑版SketchBook软件中，按数字键"1/2/3/4/5/6"即可调出不同环形菜单中的工具命令（图2-24）。

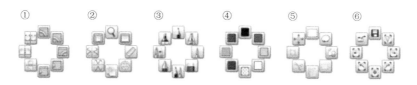

图 2-24　不同环形菜单中的工具命令

可以在首选项设置中查看快捷方式列表（图2-25）或自定义热键（图2-26）。

图 2-25　查看快捷方式

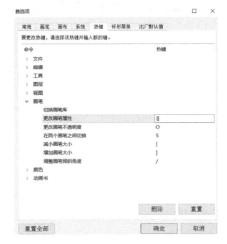
图 2-26　自定义热键

自定义热键方式：选择"编辑"→"首选项"→"热键"→滚动列表以选择要更改的命令→单击与命令关联的热键使其可编辑→输入一个新的热键（图 2-27）。

图 2-27　输入新热键

SketchBook 中的热键见表 2-2。

表 2-2　SketchBook 热键一览表

功能	Windows 系统	Mac 系统
动画：上一帧	","	","
笔刷：调整大小和不透明度	B	B
添加图层	Ctrl+L	Command+L
新建图像文档	Ctrl+N	Command+N
激活透视辅助标尺	P	P
选择：自由套索	L	L
绘制对称图形	X	X
移动、缩放、旋转当前画布图层	V	V
隐藏/显示界面	T 或 Tab	T 或 Tab
缩放、旋转、移动画布	Space	Space
打开	Ctrl+O	Command+O
保存	Ctrl+S	Command+S
另存为	Ctrl+Shift+S	Command+Shift+S
打印	Ctrl+P	Command+P
导出	Ctrl+Q	Command+Q
撤销	Ctrl+Z	Command+Z

（续）

功能	Windows 系统	Mac 系统
重做	Ctrl+Y	Command+ Shift+Z
剪切	Ctrl+X	Command+X
复制	Ctrl+C	Command+C
复制合并图层	Ctrl+Shift+C	Command+Shift+C
粘贴	Ctrl+V	Command+V
选择所有	Ctrl+A	Command+A
取消选择	Ctrl+D	Command+D
反向选择	Ctrl+Shift+I	Command+Shift+I
调整不透明度	O	O
调整笔刷角度	/	/
加大笔刷尺寸	]	]
减小笔刷尺寸	[	[
拾色器	Alt 或 I	Alt 或 I
在两种画笔之间切换	S	S
图层添加组	Ctrl +G	Command+G
向下合并	Ctrl+E	Command+E
清除图层	Backspace 或 Delete	Delete
满画布显示	Ctrl+0	Command+0
实际尺寸	Ctrl+Alt+0	Command+Alt+0
向左旋转画布	9	9
向右旋转画布	0	0
上一幅图片/下一幅图片	Page Up/Page Down	
隐藏环形菜单	Ctrl+J	Command+J
隐藏显示文字菜单栏	Ctrl+Alt+J	Command+Alt+J
帮助文件	F1	
下一帧	"."	"."
上一个关键帧	Shift + ","	Shift + ","
下一个关键帧	Shift + "."	Shift + "."
添加关键帧	Alt + "."	Alt + "."
动画运行/停止	Enter	Enter
矩形选择	M	M
在添加选择之前按【Shift】,添加选择模式	Shift	Shift
在添加选择时按【Shift】,得到圆圈或正方形	Shift	Shift
在选择之前按【Alt】,减选选择模式	Alt	Alt
移动选择后按【Shift】,实现水平或垂直移动	Shift	Shift
微调模式	方向键	方向键

第❶章 SketchBook与CorelDRAW 软件使用基础

15

功能	Windows 系统	Mac 系统
退出选择工具 Esc	Esc	Esc
裁剪工具	C	C
在变换模式下，按【Shift】拖动拐角并约束缩放	Shift	Shift
退出填充工具	Esc	Esc
对角线	D	D
对称线	Y	Y
直尺	R	R
椭圆	E	E
曲线板	F	F

5. SketchBook 压感灵敏度设置

初学者使用 SketchBook 时经常碰到的一个问题是绘画丢失压感。对于电脑用户来说，如果在 SketchBook 中遇到丢失压感的问题，可以尝试更新驱动程序和重新校准手写笔，也可在 SketchBook 菜单栏中，选择"编辑"→"手写笔压力敏感度"（图 2-28），进行调整。

图 2-28　手写笔压力敏感度

四、SketchBook 图层的功能及操作

1. 图层介绍

把图层想象成透明的塑料片，按一定顺序叠放在一起，从而创建一个图片。例如一个人坐在海滩上的场景，可以把这个场景分解成多层：一层是沙滩，一层是海水，一层是坐着的人，一层是其他景观。当不同层的元素叠放组合在一起时，就可以形成一个完整的图像。有初学者可能会疑惑为什么要进行分层绘画。在传统绘画中，所有元素绘制在同一画纸上，如果需要修改某一个元素，那么整幅画作可能都要重新绘制。而在软件中，采用图层分层绘制各个元素，需要修改时只需改变对应的图层就可以。图层编辑器如图 2-29 所示。

对于设计师来说，一幅画布需要使用若干个基本层：铅线稿层、明暗层和颜色层，这使得更改绘画内容或添加内容变得更容易。

如果设计师建立了很多图层，导致图层编辑器杂乱无章，则可以考虑将图层分组到文件夹中。使用 SketchBook，最多可以将图层分为 9 组。图层可以使用图层编辑器创建、复制、合并、打开和关闭、重新排序、混合和删除。当添加新内容到图层时，图层编辑器预览会更新显示内容，使设计师更容易地识别图层。

TIPS　图层预览（缩略图）。

每个图层，除了背景图层外，都可以预览图层的内容。当用户绘画时，此缩略图图像会更新以显示当前图层内容，使用户更容易识别图层，如图 2-30 所示。

在工具栏中单击 命令图标可访问图层编辑器及图层。图层由图层编辑器工具栏和混

产品设计二维表达

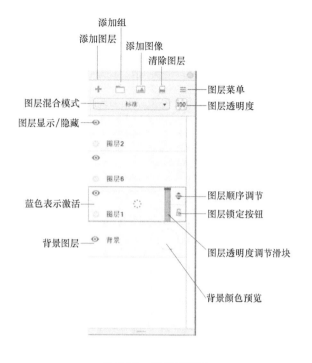

图 2-29　图层编辑器

图 2-30　空白图层、图层预览和背景图层

合模式组成。图层有三种类型：

1）常规图层包含显示/隐藏图层内容、锁定图层、更改不透明度和通过标记菜单访问其他图层工具的功能。

2）背景图层用于设置画布的颜色并创建 alpha 通道，它位于图层编辑器的底部。

3）文本图层包含使用文本工具创建的文本。

通过图层编辑器可以访问图层，图层编辑器还包含图层菜单及各种图层工具。当选中一个图层时，它会以蓝色高亮显示，以表明这是当前活动图层（图 2-31）。

图 2-31　当前活动图层

2. 图层不透明度的调节

通过改变图层不透明度可以创建镜面反射效果，如图 2-32 所示。复制图层，翻转图像，重新定位，然后改变图层的不透明度以淡化图层上的内容。

3. 图层顺序的改变

通过图层编辑器可以重新排列图层以改变图像中元素的顺序。在图层编辑器中，可以上下拖动图层，如果要使图层 1 出现在图层 2 前面，可将图层 1 移动到图层 2 之上；要使图层 1 出现在图层 2 后面，则将图层 1 移动到图层 2 下面。

图 2-32　图层不透明度调节

五、画笔工具介绍

SketchBook 有各种各样的笔刷供设计师选择，并能实现多种效果，如纹理、发光、飞溅等，使设计师能够自由表达创意。

设计师可以按自身习惯选择画笔进行绘画，画笔工具不仅包括绘画用的画笔，还包括橡皮擦、记号笔和喷枪等。在 SketchBook 的画笔选项板中有一组默认的画笔（图 2-33）。在编辑画笔时，可以使用画笔编辑器、画笔、双吸盘或画笔选项板上侧的画笔属性滑块。同时用户可以创建、自定义、保存和共享画笔。

1. 橡皮擦

SketchBook 中有各种各样的橡皮擦，可以在画笔库中的画笔包中找到它们，在画笔选项板中默认有硬橡皮擦■（图 2-34）和软橡皮擦■（图 2-35）两种。可以通过创建橡皮擦包，将所有橡皮擦放在一个地方。

图 2-34　硬橡皮擦效果

图 2-33　默认画笔

图 2-35　软橡皮擦效果

2. 画笔切换

画笔切换功能可以帮助设计师提高设计效率，节省时间。当设计师使用完一个画笔后，可以通过热键【S】返回到前一个画笔。

3. 混合笔刷

在画笔库中，SketchBook 有以下画笔集，可用于混合。

（1）合成涂料画笔　如图 2-36、图 2-37 所示，使用合成涂料画笔时，这些画笔会实时动态地混合画布上已经存在的颜色。

图 2-36　合成涂料画笔

图 2-37　合成涂料画笔笔迹

（2）涂污画笔　如图 2-38、图 2-39 所示，涂污画笔可以实现线条模糊的效果。绘制人物的头发时可以使用涂污画笔快速绘制。

图 2-38　涂污画笔

图 2-39　涂污画笔笔迹

（3）无色画笔　如图 2-40 所示，无色画笔可以将画布上已有的颜色进行混合（图 2-41）。

图 2-40　无色画笔

图 2-41　无色画笔效果

（4）粉笔画笔　如图 2-42 所示，粉笔画笔是一种可以自然混合画笔颜色的画笔。使用该画笔可以将一种颜色与另一种颜色进行自然混合。

图 2-42　粉笔画笔

4. 使用画笔圆盘

通过手写笔上、下、左、右滑动画笔圆盘，可以调节不透明度和画笔大小。上、下滑动为调节不透明度（图 2-43），左、右滑动为调节画笔大小（图 2-44）。

图 2-43　上、下滑动为调节不透明度　　　图 2-44　左、右滑动为调节画笔大小

5. 自定义画笔

SketchBook 中自带的画笔非常丰富，可以满足绝大部分使用场景的需要，还提供了自定义画笔功能，以帮助设计师创建符合个人习惯的画笔库。可以通过复制画笔并改变画笔的参数进行自定义，也可重新创建画笔。单击  命令图标进入画笔库，选择一个画笔集，按住 ，单击选择 ，选择一个画笔类型作为自定义画笔的基础，例如选择当前画笔进行创建自定义画笔（图 2-45）。

图 2-45　选择当前画笔进行
创建自定义画笔

单击创建 ，自定义画笔就出现在画笔库中，双击该画笔图标打开画笔属性：在"高级"选项中调整压力灵敏度，根据施加在手写笔上的压力设置画笔半径和不透明度；在"基本"选项中，根据手写笔压力的变化而改变画笔大小。

6. 画笔属性

在"高级"选项中可以设置倾斜、画笔边缘、刷子半径、不透明度和流动、图章、纹理和随机性等。例如，设置画笔边缘，也会影响画笔的笔刷效果。带有软边的画笔使笔刷边缘周围有一个渐变的羽化效果（图 2-46）。同样可以设置中间值画笔（图 2-47）和硬边缘画笔（图 2-48）。

图 2-46　软边缘画笔　　　　　图 2-47　中间值画笔　　　　　图 2-48　硬边缘画笔

以方头笔为例，画笔属性包括基本和高级两种设置（图 2-49）。在基本设置里可以调节大小和不透明度，大小用来调节画笔半径，不透明度数值越小，画笔越透明（图 2-50），在有些画笔中，不透明度也称为湿润度。

图 2-49　画笔两种属性设置　　　　　　　图 2-50　画笔不透明度调节

方头笔的高级设置中包括压力、图章、笔尖和随机性（图 2-51）。下面介绍各个参数的设置对比，基本设置中的不透明度均设置为 100%（图 2-52）。

图 2-51　画笔高级设置类型

图 2-52　100%不透明度

（1）压力　在压力参数设置中，图 2-53 所示为参数全满效果，压力中的"大小（重压）"表示画笔绘画时的笔迹中间效果，"大小（轻压）"表示绘画落笔与收笔时的两头效果。以画直线为例："大小（重压）"调小（图 2-54），绘画时中间笔触会变小，形成中间细，两头大的效果；"大小（轻压）"调小（图 2-55），绘画时两头笔触变小，形成中间粗，两头小的效果。

图 2-53　参数全满效果

图 2-54　"大小（重压）"调小

图 2-55　"大小（轻压）"调小

"不透明度（重压）"调大，绘画时中间笔触会变透明，形成中间透明效果（图 2-56）。"不透明度（轻压）"调小，绘画时两头笔触变透明，形成两头透明效果（图 2-57）。

流量参数综合了大小和不透明度两种参数设置效果，当其他参数不变，流量设置为 100%时，中间会出现透明羽化效果（图 2-58），流量设置为 1%时，中间为不透明硬边效果（图 2-59）。

TIPS　设置手写笔倾斜（图 2-60）：选择"通过手写笔倾斜控制"可以帮助设计师创建一个期望的绘画方向性，并控制笔刷笔迹。

图 2-56 "不透明度
（重压）"调大

图 2-57 "不透明度
（重压）"调小

图 2-58 流量 100%

（2）图章 SketchBook 中画笔画出的图线实际上是由一个个点形成的，图章参数就是控制画笔每一个点的设置（图 2-61）。间距控制画笔单元点之间的距离，数值越小，单元点间距越小，画笔越精细；圆度控制单元点的形状，数值越大，单元点越圆；旋转控制单元点的转动。

图 2-59 流量 1%

图 2-60 设置手写笔倾斜

图 2-61 图章设置

间距参数设置对比如图 2-62 和图 2-63 所示。

圆度参数设置对比如图 2-64 和图 2-65 所示。

旋转参数设置对比如图 2-66 和图 2-67 所示。

（3）笔尖 笔尖设置中包括边缘（图 2-68）、形状及纹理设置。

1）边缘设置中的数值越小，画笔笔迹中间过渡越柔和（图 2-69）；数值越大，笔迹中间过渡越清晰（图 2-70）。

2）形状。勾选"形状"（图 2-71）可以改变画笔笔迹。

图 2-62　间距参数小

图 2-63　间距参数大

图 2-64　圆度参数小

图 2-65　圆度参数大

图 2-66　旋转参数大

图 2-67　旋转参数小

图 2-68　笔尖设置中的边缘

图 2-69　笔迹中间过渡柔和

图 2-70　笔迹中间过渡清晰

图 2-71　画笔形状

3）纹理。勾选"纹理"（图 2-72），可以绘制如地板、地砖、木纹等材质。
勾选"按笔尖"（图 2-73），可设置"深度（重压）"和"深度（轻压）"。

图 2-72 画笔纹理

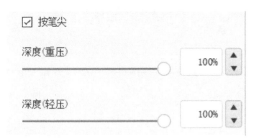

图 2-73 勾选"按笔尖"

效果比较如图 2-74 所示，"深度（重压）"参数改变笔迹中间部分，"深度（轻压）"参数改变笔迹两端部分。

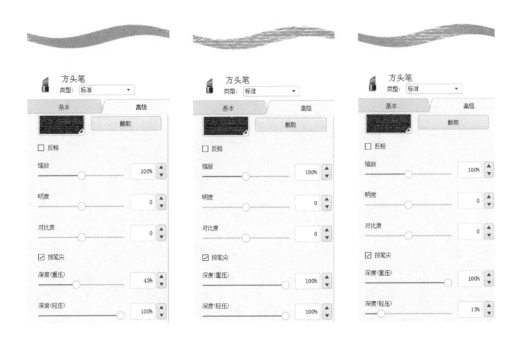

图 2-74 效果比较

（4）随机性 随机性设置包括大小随机化、不透明随机化、流量随机性、旋转随机化、间隔随机化五个参数设置。

大小随机化：画笔单元笔迹随机变化大小（图 2-75）。

不透明度随机化：笔迹不透明度随机变化；流量随机性：笔刷压感随机变化；旋转随机化：画笔单元笔迹随机旋转；间隔随机化：画笔单元笔迹间隔随机变化（图 2-76）。

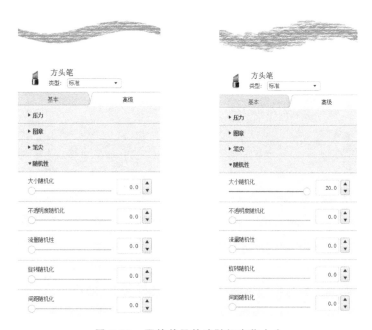

图 2-75　画笔单元笔迹随机变化大小

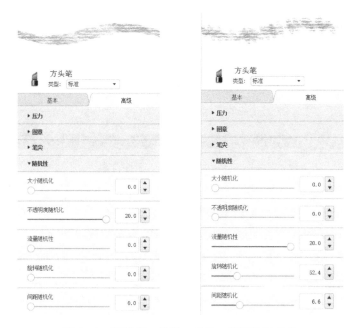

图 2-76　不透明、流量、旋转、间隔的随机化

六、SketchBook 入门练习

1. 线稿绘制

交通工具快速草图线稿绘制——详细步骤可使用手机或移动终端扫描二维码观看。

01.SketchBook
汽车线稿

步骤一：将常用工具列全部打开（图2-77）。

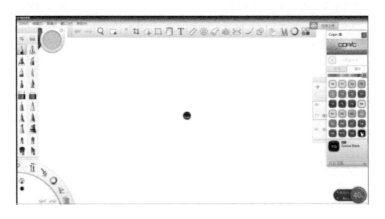

图2-77　将常用工具列全部打开

步骤二：选择铅笔工具 🖊 快速绘制概念草图线稿（图2-78）。

图2-78　快速绘制概念草图线稿

步骤三：使用椭圆模板 ⬭ 辅助绘制车轮线稿（图2-79）。
步骤四：调整初稿图层不透明度，为精简线条做准备（图2-80）。

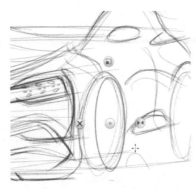

图2-79　绘制车轮线稿

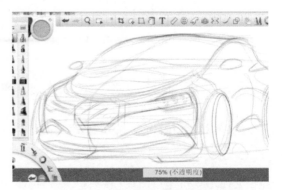

图2-80　调整初稿图层不透明度

步骤五：新建图层，在新图层上利用椭圆模板 ⊜ 和曲线板 ⌒ 精简线条（图 2-81）。使用手写笔可以选择、镜像、移动、缩放、旋转和关闭曲线板（图 2-82）。

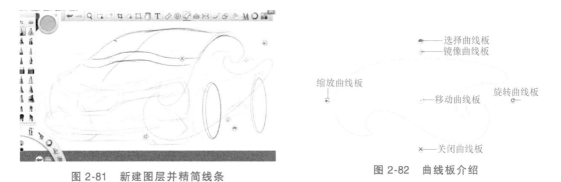

图 2-81　新建图层并精简线条

图 2-82　曲线板介绍

三种曲线板模板如图 2-83 所示。

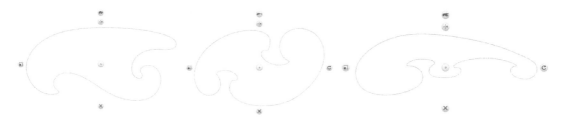

图 2-83　三种曲线板模板

步骤六：绘制细节，完成线稿，如图 2-84 和图 2-85 所示。

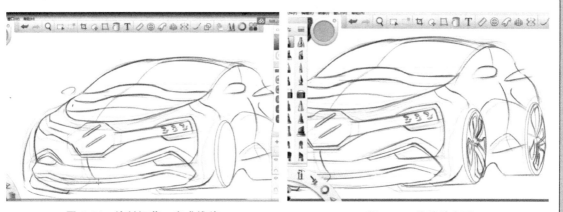

图 2-84　绘制细节，完成线稿

图 2-85　线稿放大图

2. 快速渲染

交通工具快速渲染绘制——详细步骤可使用手机或移动终端扫描二维码观看。

步骤一：利用椭圆模板绘制车轮作为基准物体（图 2-86）。

步骤二：绘制车轮透视图（图 2-87）。

02.SketchBook
渲染

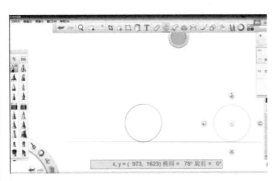

图 2-86　利用椭圆模板绘制车轮作为基准物体

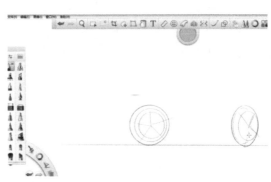

图 2-87　绘制车轮透视图

步骤三：完成线稿绘制并提炼线条（图 2-88）。

步骤四：利用喷枪快速绘制车窗明暗效果，选择 Copic 设计色库，选择 110 色号。通过指示盘调节明暗和喷枪不透明度（图 2-89）。

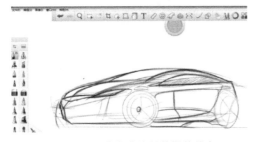

图 2-88　完成线稿绘制并提炼线条

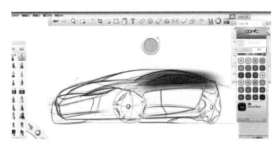

图 2-89　利用喷枪快速绘制车窗明暗效果

步骤五：利用橡皮擦工具擦出车窗形状（图 2-90）。

步骤六：完成风窗玻璃明暗绘制（图 2-91）。注意，每次上色前应先新建图层。

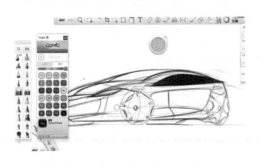

图 2-90　利用橡皮擦工具擦出车窗形状

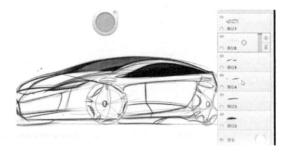

图 2-91　完成风窗玻璃明暗绘制

步骤七：车身大面上色（图 2-92）。

步骤八：用橡皮擦工具擦出车身光影效果（图 2-93）。

步骤九：喷枪绘制车轮（图 2-94）。

步骤十：用橡皮擦工具擦出轮毂暗部（图 2-95）。

步骤十一：完成车头光影绘制并添加高光线（图 2-96）。

产品设计二维表达

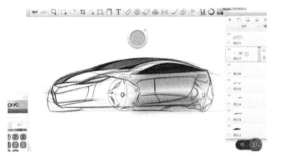

图 2-92　车身大面上色

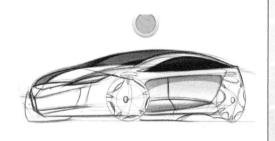

图 2-93　用橡皮擦工具擦出车身光影效果

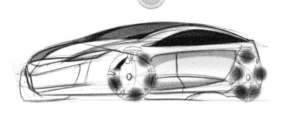

图 2-94　喷枪绘制车轮

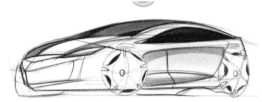

图 2-95　用橡皮擦工具擦出轮毂暗部

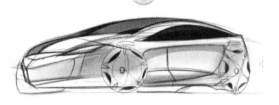

图 2-96　完成车头光影绘制并添加高光线

3. 细节描绘

步骤一：车灯绘制（图 2-97），暗部刻画（图 2-98）。

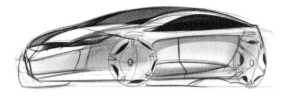

图 2-97　车灯绘制

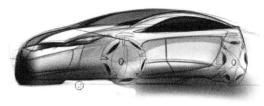

图 2-98　暗部刻画

步骤二：高光线绘制（图 2-99），完成草图绘制（图 2-100）。

图 2-99　高光线绘制

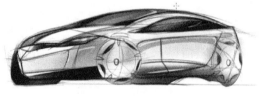

图 2-100　完成草图绘制

七、SketchBook 拓展练习

请使用 SketchBook 完成图 2-101 的绘制。

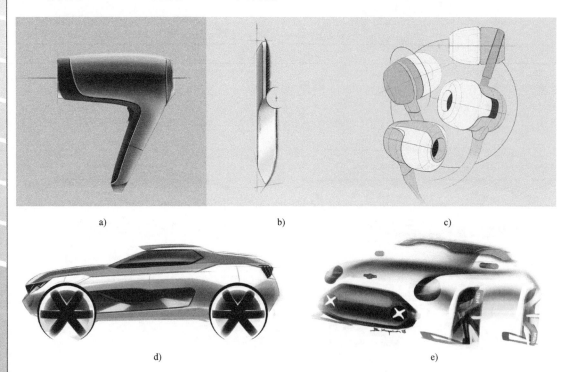

a)　　　　　　　　　　　　　　b)　　　　　　　　　　　　　　c)

d)　　　　　　　　　　　　　　e)

图 2-101　拓展练习图

第二节　CorelDRAW 基础知识介绍

【学习要求】

熟悉 CorelDRAW 操作界面，掌握 CorelDRAW 基本操作；在学习完本节后，能够使用 CorelDRAW 绘制简单的产品图，能够完成拓展练习部分的样图绘制。

一、CorelDRAW 工作界面介绍

CorelDRAW 作为一款应用广泛的设计软件，深受设计人员喜爱。软件的工作界面简洁明了，包括标题栏、常用菜单栏、标准工具栏、参数属性栏、窗口标签栏等，如图 2-102 所示。

03.CorelDRAW
简介

1）标题栏：位于窗口的最顶端，可显示打开文档的标题。标题栏也包含程序图标、最大化、最小化、还原、关闭按钮。

2）常用菜单栏：位于标题栏的下方，用于存放软件的常用命令，包含下拉选项和命令区域。

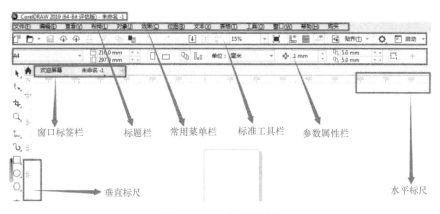

图 2-102   工作界面介绍

3）标准工具栏：位于菜单栏的下方，集合了一些常用的命令按钮（如打开、保存、打印等），使得操作方便简捷。

4）参数属性栏：位于标准工具栏的下方，包含与活动工具或对象相关命令的分离栏。

5）工具箱：位于软件界面的左侧，包含可用于在绘制中创建和修改对象的工具，部分工具默认可见，其他工具需要单击右下角的黑色小三角标记才会显示出来。

6）调色板：位于软件界面的最右侧，放置含色样的泊坞栏，默认色彩模式为 CMYK 模式。

7）泊坞窗：位于软件界面的右侧，包含与特定工具或任务相关的可用命令和设置的窗口。

8）标尺：位于工具箱的右侧以及属性栏的下方，是用于确定绘图中对象大小和位置的带标记的校准线。

9）绘图页面：位于 CorelDRAW 软件的核心位置，是绘图窗口中带阴影的矩形。它是工作区域中可打印的区域。

10）绘图窗口：位于软件界面绘图页面的周围区域，以滚动条与应用程序控件为边界的区域，其中包括绘图页面和周围区域。

11）状态栏：位于软件界面的最下方，包含有关对象属性的信息，例如类型、大小、颜色、填充和分辨率。状态栏还显示鼠标的当前位置。

12）文档调色板：位于软件界面状态栏的上面，包含当前文档色样的泊坞栏。

13）文档导航器：位于软件界面文档调色板的上面，包含用于在页面之间移动和添加页面控件的区域。

14）导航器：位于文档导航器的右侧，它是一个按钮，可打开一个较小的显示窗口，帮助设计师在绘图时进行移动操作。

下面详细介绍 CorelDRAW 软件各部分的功能。

1. 常用菜单栏

"文件"菜单栏（图 2-103）中的"导入/导出"命令在输入或输出一些特殊格式文件时会用到，"导出"命令所包含的图片文件格式比"保存"命令下的图片文件格式要多。在需要保存透明背景图片时也需要用到"导出"功能。

"编辑"菜单栏（图 2-104）中提供了多种复制对象的方法及对象编辑功能。

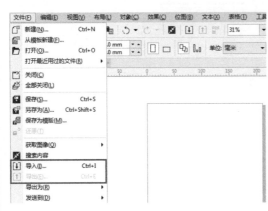

图 2-103 "文件"菜单栏

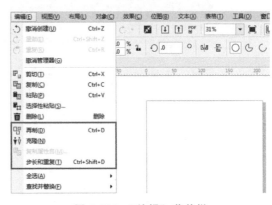

图 2-104 "编辑"菜单栏

"视图"菜单栏（图 2-105）中的"对齐辅助线""贴齐"等功能，对于提高设计效率非常有帮助。

"布局"菜单栏（图 2-106）中包含有关页面设置的内容。

图 2-105 "视图"菜单栏

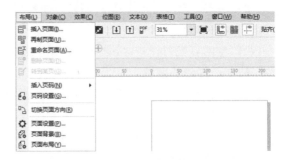

图 2-106 "布局"菜单栏

"对象"菜单栏（图 2-107）中提供了很多便捷的工具，如"变换""顺序""造型"等。

"效果"菜单栏（图 2-108）中提供了对图形进行调整、变换的各种工具。

"位图"菜单栏（图 2-109）中提供了多种图片处理的功能。

"文本"菜单栏（图 2-110）中提供了文本设置工具和排版工具。

"表格"菜单栏（图 2-111）中提供了简单的表格制作工具，通过输入表格行数、列数可以创建新表格。

"工具"菜单栏（图 2-112）中的"选项"命令尤为重要，很多设置可以从这里面调出。

图 2-107 "对象"菜单栏

图 2-108 "效果"菜单栏

图 2-109 "位图"菜单栏

图 2-110 "文本"菜单栏

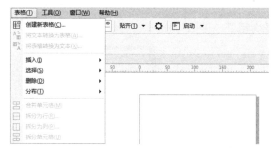

图 2-111 "表格"菜单栏

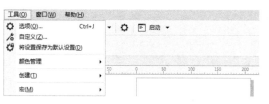

图 2-112 "工具"菜单栏

第❶章 SketchBook与CorelDRAW 软件使用基础

33

"窗口"菜单栏（图2-113）中包含了多种泊坞窗功能，很多工具窗口可以从这里面调出。

"帮助"菜单栏（图2-114）中包含一些帮助主题，可以帮助使用者学习一些基本操作并提供技术支持。

图2-113 "窗口"菜单栏

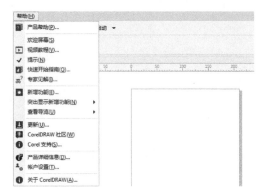
图2-114 "帮助"菜单栏

2. 标准工具栏

标准工具栏包括一些常用工具的快捷命令图标，通常有新建文件、打开、保存、打印、导入、导出等命令图标。

3. 参数属性栏

参数属性栏（图2-115）默认位于界面上方。根据选择要素的不同，会显示不同属性栏，可以对选择的物体做出一些修改。

图2-115 参数属性栏

例如，使用手绘工具绘制图形后，可以在属性栏中设置绘制图形的属性来改变图形，包括修改轮廓、大小、位置、旋转角度、线条颜色等。在软件工作页面中选择不同要素会显示不同的参数属性栏。

下面以一个矩形为例，介绍参数属性栏的使用。

单击矩形工具，绘制一个矩形（图2-116）。选中该矩形，在属性栏中单击圆角命令，单击同时编辑所有角，设置适当数值，即可将矩形四个角进行圆角处理（图2-117）。

设置轮廓宽度，可改变矩形轮廓线粗细（图2-118）。

图2-116 绘制矩形　　　　图2-117 圆角处理　　　　图2-118 设置轮廓宽度

4. 工具箱

工具箱（图 2-119）集中了绘图和修改图形的绝大部分命令，单击图标右下角的黑色三角形按钮，可以打开内嵌工具，并可以将其拖曳出来，成为独立的一个工具栏。

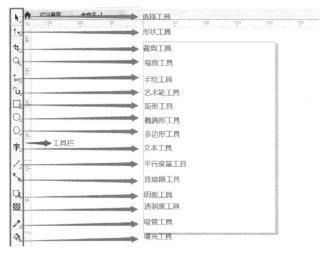

图 2-119　工具箱

5. 调色板

调色板管理器（图 2-120）是一个可快速访问可用调色板（包括文档调色板和颜色样式调色板）及创建自定义调色板的泊坞窗。调色板管理器中的调色板分为"我的调色板"和"调色板库"两个主文件夹。

执行"窗口"→"泊坞窗"→"调色板管理器"命令，打开"调色板管理器"泊坞窗。

使用"我的调色板"文件夹保存所有自定义调色板，可以添加文件夹来保存和组织不同项目的调色板，复制调色板或将调色板移动到其他文件夹中，还可以打开所有 cdr 调色板并控制其显示。

控制 cdr 调色板显示的方法：在泊坞窗中单击调色板名称左侧的"隐藏"按钮，即可切换为"显示"按钮 👁，此时该调色板会显示在界面右侧。反之，则会隐藏选中的调色板。

TIPS 调色板的使用。

单击工具箱中的"选择工具"，选择对象，在界面右侧的 cdr 调色板中单击一种色样，即可为选定的对象选择填充色；右键单击一个色样，即可为选定的对象填充轮廓颜色，如图 2-121 所示（为方便查

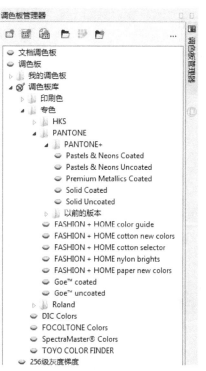

图 2-120　调色板管理器

看，此处轮廓已加粗）。

当前选择图形的填充色和轮廓色会显示在状态栏，在文档调色板中也添加了选择色样（图 2-122）。创建新绘图时，软件会自动生成一个空调色板，称为文档调色板，在绘图区的下方。每次在绘图中使用一种颜色时，该颜色会自动添加到文档调色板中去，之后可快速选择已使用过的颜色。

在调色板的一个色样上长按鼠标左键，会弹出颜色挑选器，显示该色样的相近色，此时松开鼠标即可为选择的对象填充相近色。鼠标悬停在

图 2-121　为选定的对象填充轮廓颜色

某颜色上面，会显示出该颜色的名称（图 2-123）。单击调色板底部的双箭头按钮 ，可临时打开调色板。

图 2-122　已使用色彩

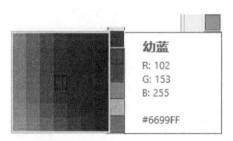

幼蓝

R: 102
G: 153
B: 255

#6699FF

图 2-123　颜色挑选器/颜色名称

TIPS CorelDRAW 热键。

掌握常用热键有助于提高设计效率，常用热键主要分为以下三类。

（1）基本操作类常用热键

新建文件：【Ctrl】+【N】

打开文件：【Ctrl】+【O】

保存文件：【Ctrl】+【S】

撤销上一次操作：【Ctrl】+【Z】

打印文件：【Ctrl】+【P】

复原操作：【Ctrl】+【Shift】+【Z】

重复操作：【Ctrl】+【R】

剪下文件：【Ctrl】+【X】

复制文件：【Ctrl】+【C】

粘贴文件：【Ctrl】+【V】

再制文件：【Ctrl】+【D】

复制属性自：【Ctrl】+【Shift】+【A】

（2）图像处理类常用热键

绘制正圆或正多边形：【Ctrl】

选择多个对象：【Shift】

前移一层（将选定对象按照对象的堆栈顺序放置到向前一个位置）：【Ctrl】+【PageUp】

后移一层（将选定对象按照对象的堆栈顺序放置到向后一个位置）：【Ctrl】+【Page-Down】

移至顶层（将选择的对象放置到最前面）：【Shift】+【PageUp】

移至底层（将选择的对象放置到最后面）：【Shift】+【PageDown】

擦除图形的一部分或将一个对象分为两个封闭路径：【X】

垂直定距对齐选择对象的中心：【Shift】+【A】

垂直分散对齐选择对象的中心：【Shift】+【C】

垂直对齐选择对象的中心：【C】

将文本更改为垂直排布（切换式）：【Ctrl】+【.】

打开一个已有的绘图文档：【Ctrl】+【O】

打印当前的图形：【Ctrl】+【P】

打开"大小工具卷帘"：【Alt】+【F10】

运行缩放动作然后返回前一个工具：【Z】

发送选择的对象到后面：【Shift】+【B】

发送选择的对象到前面：【Shift】+【T】

发送选择的对象到右面：【Shift】+【R】

发送选择的对象到左面：【Shift】+【L】

将对象与网格对齐（切换）：【Ctrl】+【Y】

对齐选择对象的中心到页中心：【P】

绘制对称多边形：【Y】

拆分选择的对象：【Ctrl】+【K】

（3）文字处理类常用热键

将字体大小缩减为上一个点数：【Ctrl】+数字键盘【2】

将字体大小缩减为"字体大小列表"中的上一个设定：【Ctrl】+数字键盘【4】

将字体大小增加为"字体大小列表"中的下一个设定：【Ctrl】+数字键盘【6】

将字体大小增加为下一个点数：【Ctrl】+数字键盘【8】

变更文字对齐方式为不对齐：【Ctrl】+【N】

变更文字对齐方式为强迫上一行完全对齐：【Ctrl】+【H】

变更文字对齐方式为完全对齐：【Ctrl】+【J】

变更文字对齐方式为向右对齐：【Ctrl】+【R】

变更文字对齐方式为向左对齐：【Ctrl】+【L】

变更文字对齐方式为置中对齐：【Ctrl】+【E】

变更选取文字的大小写：【Shift】+【F3】

显示非打印字符：【Ctrl】+【Shift】+【C】

选取上移一段的文字：【Ctrl】+【Shift】+【↑】

选取上移一个框架的文字：【Shift】+【PageUp】

选取上移一行的文字：【Shift】+【↑】

选取下移一段的文字：【Ctrl】+【Shift】+【↓】

选取下移一个框架的文字：【Shift】+【PageDown】

选取下移一行的文字：【Shift】+【↓】

选取至框架起点文字：【Ctrl】+【Shift】+【Home】

选取至框架终点文字：【Ctrl】+【Shift】+【End】

选取至文字起点的文字：【Ctrl】+【Shift】+【PageUp】

选取至文字终点的文字：【Ctrl】+【Shift】+【PageDown】

选取至行首文字：【Shift】+【Home】

选取至行尾文字：【Shift】+【End】

打开"选项"对话框并选取"文字"选项页面：【Ctrl】+【F10】

寻找图文件中指定的文字：【Alt】+【F3】

显示图文件中所有样式的列表：【Ctrl】+【Shift】+【S】

变更文字样式为粗体：【Ctrl】+【B】

变更文字样式为有下划线：【Ctrl】+【U】

变更全部文字字符为小写字母：【Ctrl】+【Shift】+【K】

变更文字样式为斜体：【Ctrl】+【I】

显示所有可使用或作用中的粗细变化：【Ctrl】+【Shift】+【W】

显示所有可使用或作用中的字体列表：【Ctrl】+【Shift】+【F】

显示所有可使用或作用中的 HTML 字体大小列表：【Ctrl】+【Shift】+【H】

显示所有可使用或作用中的字体大小列表：【Ctrl】+【Shift】+【P】

6. 泊坞窗

CorelDRAW 泊坞窗跟标签栏是一样的，并排的窗口名称竖向排列于右侧。通常应用时从菜单栏里调出，不用时就整体关闭掉。

（1）对象属性 对象属性是泊坞窗的一个重要组成部分（图 2-124），它具有一个新的选项卡，可帮助设计师快速设置，提高效率。"滚动/选项卡模式"按钮可将泊坞窗设置为一次仅显示一组格式控件，使设计师能够更专注于设计任务。

如果对象属性泊坞窗未打开，可单击"窗口"→"泊坞窗"→"对象属性"。对象属性泊坞窗显示与对象相关的格式选项和属性，使设计师可以直接修改对象设置。例如，如果创建了一个矩形，那么对象属性泊坞窗将自动显示轮廓、填充、透明度与拐角格式选项以及矩形的属性（图 2-125）。

可以使用对象属性泊坞窗顶部的控件来快速浏览需要修改的属性。此外，还有滚动和选项卡两种查看模式可用：滚动模式显示所有相关对象属性，滚动滚轮或拖动滑块即可浏览各个选项；选项卡模式一次仅显示一组对象属性，同时隐藏其他选项。例如，可以只查看填充选项，然后单击轮廓按钮查看轮廓选项（图 2-126）。

图 2-124 泊坞窗的
"对象属性"

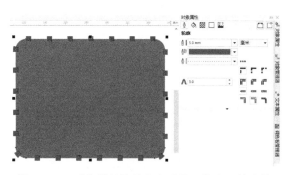

图 2-125　对象属性泊坞窗自动显示轮廓、填充等

图 2-126　轮廓

（2）对象管理器　对象管理器（图 2-127）主要服务于图层，图层为组织和编辑复杂绘图中的对象提供了更大的灵活性。

1）新建图层。在"对象管理器"泊坞窗左下角单击"新建图层"按钮，即可创建一个新的图层。同时在出现的文字编辑框中可以修改图层的名称。默认状态下，页面中会有一个"图层 1"，新建的图层以"图层 2"命名。

如果要在主页面中创建新的主图层，可以单击"对象管理器"泊坞窗左下角"新建主图层（所有页）"按钮，图层以红色粗体显示时，表示该图层为活动图层，此时在页面中绘制的图形都将绘制在该图层上（图 2-128）。

2）删除图层。在绘图过程中，如果要删除不需要的图层，可在"对象管理器"泊坞窗中单击需要删除的图层名称，然后单击该泊坞窗中的删除按钮，或者直接按【Delete】键，即可将选择的图层删除（图 2-129）。

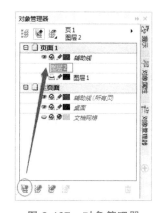

图 2-127　对象管理器

图 2-128　对象管理器新建主图层

图 2-129　删除图层

二、软件常用工具介绍——贝塞尔曲线

贝塞尔曲线是由节点形成的线段或曲线，每个节点上都有两个控制点，用来调整线条的

形状和弯曲程度，如图 2-130 所示。

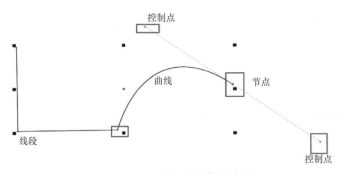

图 2-130　贝塞尔曲线节点控制

CorelDRAW 中一般使用贝塞尔曲线勾图，另外为兼顾 Illustrator 及 Photoshop 用户的习惯，也添加了钢笔工具。在工具箱中单击手绘工具，在其展开的工具栏中，可以看到"贝塞尔"和"钢笔"（图 2-131）在同一工具列表中，因为它们同属于最基础的画图工具。

贝塞尔工具和钢笔工具的操作和性能几乎完全一样，都是通过精确放置每一个节点并控制每一条曲线段的形状来一段一段地绘制线条（图 2-132）。按下【Space】键停止绘制，都可实现开放路径的绘制。结合"形状"可调整曲线弧度和直线长度。

图 2-131　"贝塞尔"和"钢笔"

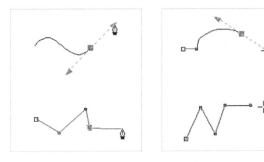

图 2-132　"贝塞尔"和"钢笔"的对比

贝塞尔工具与钢笔工具的不同点：

1）使用钢笔工具时，可以预览正在绘制的线条。钢笔工具的属性栏上有一个"预览模式"按钮，激活后在绘制线条时能看见线条的状态（图 2-133）。如果将"预览模式"关闭，则与贝塞尔工具一样。

2）在钢笔工具的属性栏上还有一个"自动添加或删除节点"按钮（图 2-134），按下它

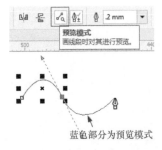

图 2-133　钢笔工具-预览模式

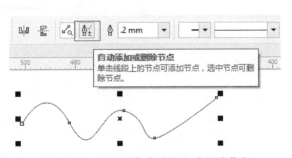

图 2-134　钢笔工具-自动添加或删除节点

之后，在绘制时可以随时在画好的线条中增加或删除节点。在使用贝塞尔工具时可通过双击线条实现此功能。

总结：钢笔工具绘制线条的时候灵活一些，而贝塞尔工具在后期编辑的时候更为方便。

TiPS 贝塞尔工具的三种热键用法。

1）使用贝塞尔工具点下去不释放鼠标的状态下，按住【Alt】键拖动，可以让当前的节点移动（图 2-135、图 2-136），但是双手柄方向还是要靠移动鼠标来确定。

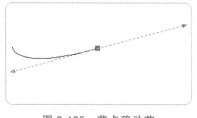
图 2-135　节点移动前

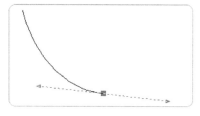
图 2-136　节点移动后

2）使用贝塞尔工具，一开始就按下【Alt】键，可以画直线（图 2-137），而且直线节点位置是可以移动的（如果前两笔是曲线，则第三笔绘制时才是直线）。

3）使用贝塞尔工具在绘制的过程中（指不释放鼠标状态下），在无输入法状态下按【C】键拖动，就可以让当前的节点手柄曲折（图 2-138）（相当于形状工具下的尖突节点）。

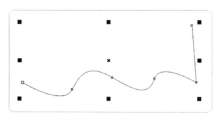
图 2-137　贝塞尔工具-画直线

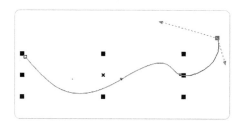
图 2-138　贝塞尔工具-节点手柄曲折

贝塞尔工具在 CorelDRAW 软件中非常重要，绝大多数的绘图都是靠它来完成的，熟练掌握以上三个热键技巧有助于设计师提高设计效率。

练习

步骤 1：新建一个 A4 幅面图像文档，先使用贝塞尔工具绘制出卡通人物的头部，不准确的地方使用形状工具进行调整（图 2-139）。注意通过拖动实心或空心箭头来实现自己想要的效果。

步骤 2：继续用贝塞尔工具绘制出卡通人物的其他部分，在这个过程中进一步熟悉贝塞尔工具的用法，同时通过改变路径粗细使画面显得有层次。

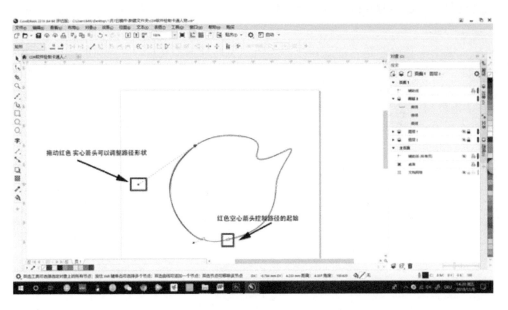

图 2-139　贝塞尔工具绘制卡通人物的头部

三、软件常用工具介绍——填充工具

1. 渐变填充工具

渐变填充是给对象增加深度感的两种或更多种颜色的平滑渐进的色彩效果。渐变填充方式应用于设计创作中是非常重要的技巧，它可以用于表现物体的质感，以及在绘图中用于表现丰富的色彩变化。

使用渐变填充工具可以创建椭圆形渐变填充和矩形渐变填充（图 2-140），向各个填充颜色节点应用透明度，在已填充的对象中重复填充，调整填充的旋转角度，以及平滑渐变填充的调和过渡。此外，通过设置"对象属性"泊坞窗中的交互式选项，还能以更快、更精准和更富有创意的方式应用和调整渐变填充。

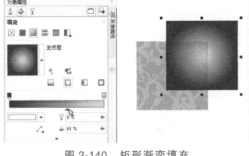

图 2-140　矩形渐变填充

🗒 **练习**

绘制一个矩形，单击对象属性上"编辑填充"按钮，在弹出的"编辑填充"对话框中选择"渐变填充"，效果如图 2-141 所示。

在"编辑填充"对话框中设置属性：在渐变条上任一位置双击即可添加一个节点（矩形加三角形的箭头形状），此时，可以在渐变条下面的节点颜色下拉框中选择节点颜色，也可以根据实际情况添加多个节点，如图 2-142 所示。

图 2-141　渐变填充

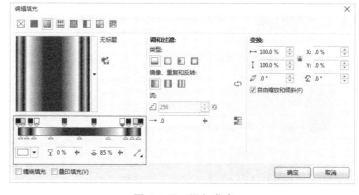

图 2-142　添加节点

单击"确定",由渐变填充实现的金属质感效果如图 2-143 所示。

2. 交互式填充工具

交互式填充工具(图 2-144)可以给造型填充丰富多彩的颜色。它不仅能填充渐变色,而且可以填充图样、底纹,且便于操作、预览。

图 2-143　金属质感效果

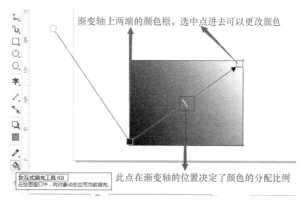

图 2-144　交互式填充工具

任意画一个造型,在左边的工具箱中找到交互式填充工具 <img>。

单击黑色块,选择节点颜色,就可以任意挑选所需要的颜色。通过节点颜色下面的黑白棋盘格滑块可以调整透明度(图 2-145、图 2-146)。

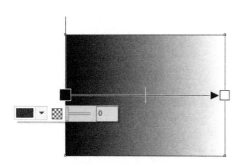

图 2-145　透明度的调整

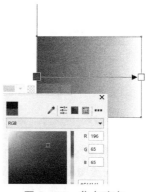

图 2-146　节点改变

双击两方块中间的虚线部分可以增加节点颜色，再次双击则是删除。拖动颜色节点可以改变颜色渐变的位置与方向（图 2-147、图 2-148）。

图 2-147　拖动节点改变颜色渐变位置

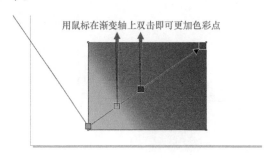

用鼠标在渐变轴上双击即可更加色彩点

图 2-148　拖动节点改变颜色渐变方向

四、软件常用工具介绍——透明度工具

CorelDRAW 中的透明度工具（图 2-149）能够很好地体现材质，从而使对象有逼真的效果。随着 CorelDRAW 功能的增强，它不仅能应用于不同透明度的渐变，而且可以应用于向量图/位图图样的透明度。通过合理设置透明度可以帮助设计师实现想要的造型及效果。

任意创建一个造型，在左边的工具箱中找到透明度工具，选择"渐变透明度"，之后随意拖曳，在拖曳的过程中会出现白色和黑色的小方块，其中白色代表不透明，黑色代表透明，中间虚线部分则是半透明区域。可以选定节点设置透明度数值的大小。

在线性透明度、射线透明度等常用的透明度类型中，通过拖动控制滑杆两端的填充块可以改变透明度的角度及位置。可以在滑杆上双击添加新的填充块，并拖动其位置，从而实现不同的透明效果。双击两小方块中间的虚线部分可以增加透明度节点，再次双击则是删除（图 2-150）。

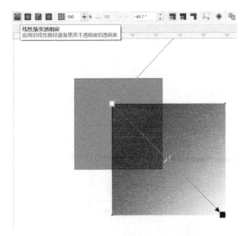

图 2-149　透明度工具

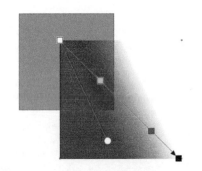

图 2-150　改变透明度的角度及位置

在透明度工具中又包含四种渐变透明度类型，分别为：

1）线性渐变透明度（图 2-149）。默认的透明度类型，沿线性路径逐渐更改透明度。

2）椭圆形渐变透明度（图 2-151）。从同心椭圆形中心向外逐渐更改透明度。

产品设计二维表达

3）锥形渐变透明度（图 2-152）。以锥形逐渐更改透明度。

4）矩形渐变透明度（图 2-153）。从同心矩形中心向外逐渐更改透明度。

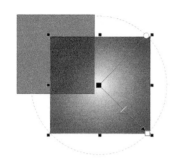
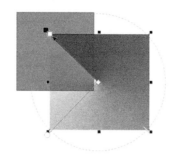
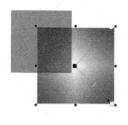

图 2-151　椭圆形渐变透明度　　　　图 2-152　锥形渐变透明度　　　　图 2-153　矩形渐变透明度

透明度的复制：先用透明度工具选择要复制的图形（图 2-154）。再选择属性栏中透明度的属性，这时会出现一个黑色箭头，选择想要复制的透明度单击即可（图 2-155）。

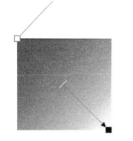

图 2-154　选择图形　　　　　　　　　　　　图 2-155　复制透明度

均匀透明度的调整：在透明度工具属性栏中左起第二个就是均匀透明度（图 2-156），可以根据需要调整颜色透明度，该参数值越高，颜色越透明。

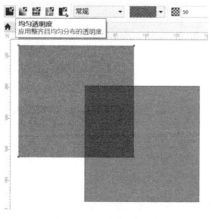

图 2-156　均匀透明度

04.CorelDRAW
时尚钟表

五、CorelDRAW 入门练习——时尚钟表设计

下面以时尚钟表（图 2-157）的设计为例介绍 CorelDRAW 的用法。

1. 线稿绘制

单击绘制椭圆形工具◯，鼠标左键选择一点作为圆心并按住，再按【Ctrl】+【Shift】键，拖动鼠标，确定半径后释放左键，再松开【Ctrl】+【Shift】键，即绘制一个正圆（图2-158）。复制画好的正圆并粘贴，将圆缩小比例（图2-159），比例参数设置如图2-160所示。

图 2-157　时尚钟表

图 2-158　绘制正圆

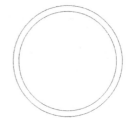
图 2-159　复制粘贴并缩小比例

继续复制第一个正圆，粘贴并缩小比例（图2-161），比例参数设置如图2-162所示。

| ↦ | 160.663 mm | 89.5 |
| ↧ | 160.663 mm | 89.5 |

| ↦ | 160.297 mm | 89.3 | % |
| ↧ | 160.297 mm | 89.3 | % |

图 2-160　缩小的圆的参数设置　　图 2-161　继续复制粘贴并缩小比例　　图 2-162　缩小的圆的参数设置

使用贝塞尔工具✐绘制三个指针，完成线框绘制（图2-163）。

2. 快速渲染

使用交互式填充工具◈对第一个大圆进行快速填充颜色（图2-164），属性栏选择椭圆形渐变工具▦，色块设置如图2-165所示。

选择第二个圆，填充为黑色（图2-166）；选择第三个圆，使用交互式填充工具◈斜向下进行渐变填充（图2-167）。

图 2-163　绘制三个指针

将图2-167中的图形原地复制粘贴一份（图2-168），然后左键选中该圆，向右下移动，按住鼠标右键，同时释放左键和右键，移动复制一个圆，左键单击颜色库╳，取消填充。将这两个圆进行布尔运算差集——移除前面对象▯，得到图2-169所示图形。

选择上一步得到的图形，使用阴影工具▢，斜向下拉出阴影。右键单击阴影处，选择拆分阴影群组（图2-170），选择阴影部分。在菜单栏中选择"对象"，选择"PowerClip"（图2-171），将阴影置入上一步进行渐变填充的圆中（图2-172）。

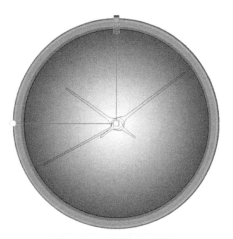

图 2-164　快速填充颜色

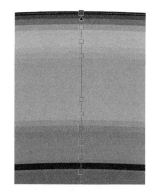

图 2-165　色块设置

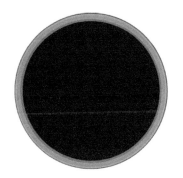

图 2-166　填充为黑色

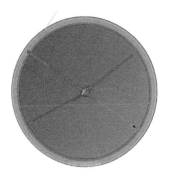

图 2-167　渐变填充

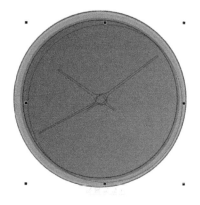

图 2-168　复制粘贴一份

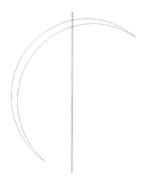

图 2-169　布尔运算差集

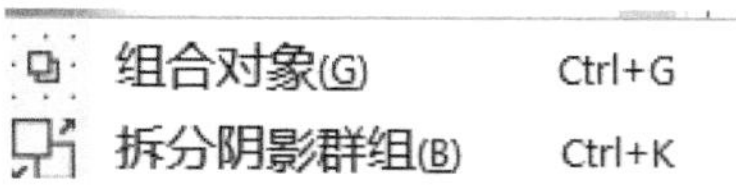

组合对象(G)　Ctrl+G
拆分阴影群组(B)　Ctrl+K

图 2-170　拆分阴影群组

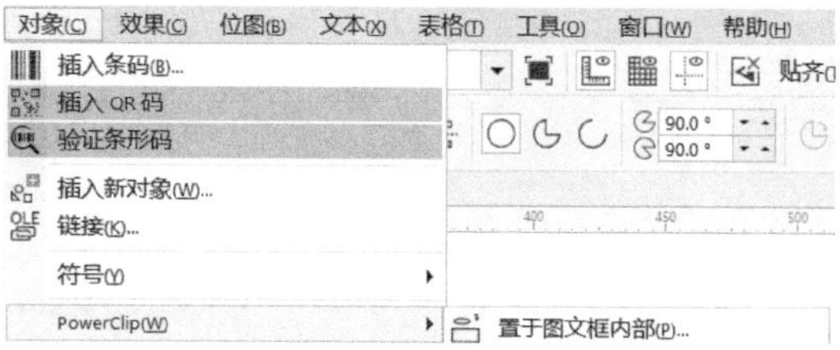

对象(C) 效果(C) 位图(B) 文本(X) 表格(T) 工具(O) 窗口(W) 帮助(H)
插入条码(B)...
插入 QR 码
验证条形码
插入新对象(W)...
链接(K)...
符号(Y)
PowerClip(W)
置于图文框内部(P)...
贴齐
90.0 °
90.0 °
400
450
500

图 2-171　对象- PowerClip

图 2-172　置入阴影

3. 细节绘制

对指针进行填色（图 2-173），并参考上一步阴影工具的使用方法，绘制指针立体效果（图 2-174）。

图 2-173　指针填色

图 2-174　添加阴影

六、CorelDRAW 拓展练习

请使用 CorelDRAW 完成图 2-175 的绘制。

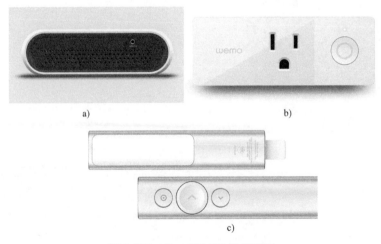

图 2-175　CorelDRAW 拓展练习

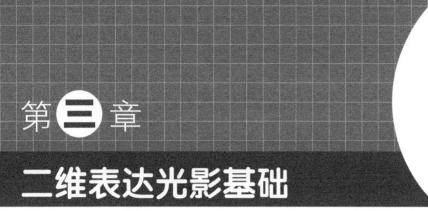

第三章

二维表达光影基础

第一节　光影基础知识

一、光线与物体的投影关系

　　任何产品表面上的光影变化都和其所处环境有关。有光就有影，光与影形成了多姿多彩的世界。

　　光是由光源产生的，光源分为点光和平行光（图 3-1）。点光照射物体投影出的影子一般比较大，所以一般采用平行光作为光源来表达物体的投影。物体的投影是有规律的，掌握投影规律，表达产品时才更贴近真实。

平行光照射球体和曲面的投影分别如图 3-2 和图 3-3 所示。

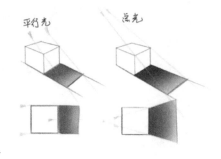

图 3-1　平行光和点光投影　　　　　　图 3-2　球体投影

二、反光板与产品表面的反射关系

在产品设计二维表达中，大部分情况下都采用平行光的方式来投影，这种方式的效果图画面感强。同时，在学习二维表达时，最好对产品摄影布光有基本的理解，因为在很多情况下，很多表面光滑的产品需要通过反光板来表现表面曲面特征。例如同一辆车，反光板放置位置不同，所呈现出的光影效果也不一样（图 3-4）。

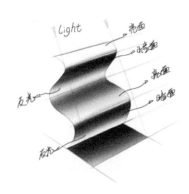

图 3-3　曲面投影　　　　　　　　　图 3-4　不同光影反射效果

第二节　光影环境在产品表面上的反射表现

>> 【学习要求】

了解光影在不同产品表面上的表现方法。

一、光影环境在简单产品表面上的反射表现

图 3-5 所示为模拟摄影棚布光，一共放置三块反光板。图 3-6 所示物体表面会呈现三块高光，因为产品表面为曲面，并且不是光滑表面，高光边缘不平滑，左右两块高光区域比中间高光区域小。

图 3-5　三块反光板

图 3-6　物体表面的三块高光呈现

当移动左侧反光板位置（图 3-7）时，产品表面左侧高光区域将相应产生变化（图 3-8）。

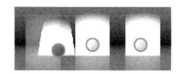

图 3-7　移动左侧反光板

图 3-8　对应的高光区域变化

📋 练习

用 CorelDRAW 交互式填充工具快速表现产品表面反光效果。

在 CorelDRAW 中绘制一个矩形□，在上方矩形属性栏中，取消锁定"同时编辑矩形圆角"，设置矩形下面两个圆角的参数（图 3-9），得到一个下方圆角化的矩形（图 3-10）。

| 0.0 mm | 0.0 mm |
| 6.0 mm | 6 mm |

图 3-9　参数设置

图 3-10　下方圆角化的矩形

使用交互式填充工具 ，添加线性渐变，做出曲面反射环境光影效果（图3-11），渐变设置参考图3-12。

图 3-11　线性渐变效果

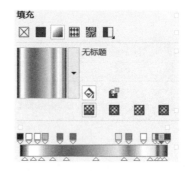

图 3-12　渐变设置参考

原地复制粘贴图形，并填充为黑色（图3-13）；利用缩放功能绘制一个小圆角矩形并填充为黑色（图3-14）；同时选择这两个矩形，单击移除前面对象 （图3-15）（如出现修剪后图形与图3-15不一致，则单击移除后面对象 ），得到图形并填充为灰色；将图形转化为位图，并在位图菜单栏中选择"模糊"→"高斯式模糊"（图3-16）。

图 3-13　填充为黑色

图 3-14　缩放

图 3-15　移除前面对象

图 3-16　转化为位图-高斯式模糊

选择高斯式模糊后的位图，右键单击"PowerClip"→"置入图文框内部"，选择第一步所绘制的矩形（图3-17），置入位图，完成曲面光影效果的表现（图3-18）。

图 3-17　PowerClip 工具

图 3-18　完成曲面光影效果

05.CorelDRAW
投影仪

产品设计二维表达

二、光影环境在简单产品形体上的反射快速表现

下面以投影仪快速二维表现为实例，介绍光影环境在简单产品形体上的反射。

先绘制一个矩形，并在属性栏中设置为"同时编辑矩形圆角"（图 3-19），设置合适参数值，绘制一个圆角矩形（图 3-20）。再绘制一个矩形，选择这两个矩形，在上方属性栏中单击对齐与分布命令 ▤，进行水平居中（热键【C】） 和垂直居中（热键【E】）对齐 （图 3-21）。

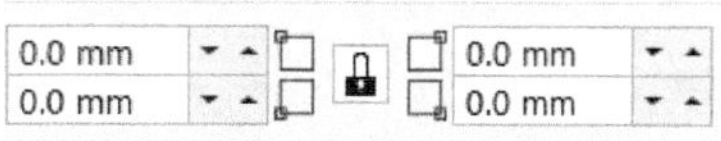

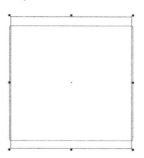

图 3-19　锁定同时编辑矩形圆角

图 3-20　圆角矩形

图 3-21　圆角矩形和矩形的位置参考

在下面再绘制一个小矩形（图 3-22），单击右键选择"转换为曲线"（图 3-23），选择形状工具 ，鼠标直接框选该小矩形形状节点，在节点上单击右键，选择"到曲线" 到曲线(C)。

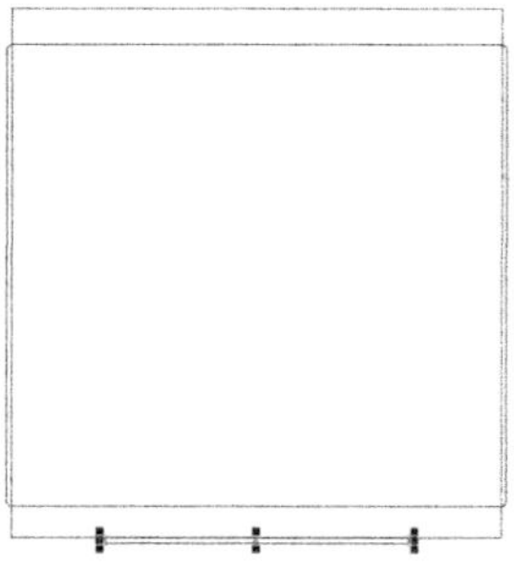

图 3-22　绘制矩形

图 3-23　转换为曲线

在节点上单击右键，选择"平滑" 平滑(S)，将小矩形转化成一个曲线线框（图 3-24），调整节点编辑杆和位置，完成底座线框绘制（图 3-25）。

图 3-24　转化成曲线线框

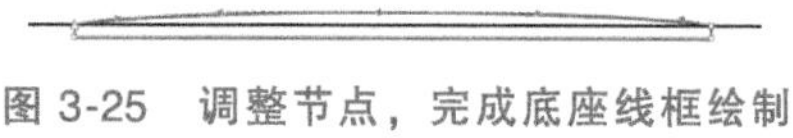

图 3-25　调整节点，完成底座线框绘制

再绘制一个矩形（图 3-26）；在"查看"菜单中勾选辅助线和动态辅助线，捕捉矩形右边中点，左键单击中点位置并按住，同时按【Shift】+【Ctrl】键，开始绘制正圆（图 3-27），左键移动至该矩形端点，先释放左键，再松开【Shift】+【Ctrl】键，即完成正圆的绘制。

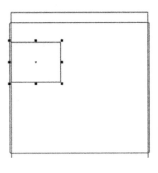

图 3-26　绘制矩形

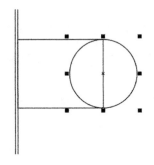

图 3-27　绘制正圆

　　按图 3-28 所示，绘制若干圆孔和一个矩形；在矩形基础上继续绘制两个圆，如图 3-29 所示。

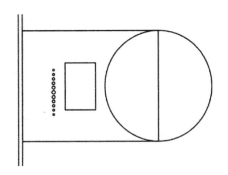

图 3-28　绘制圆孔、矩形

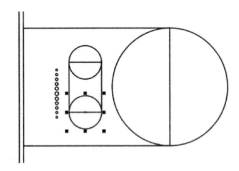

图 3-29　绘制两个圆

　　绘制竖向排列的音响孔及摄像头同心圆（图 3-30）；选择小矩形及两个圆，单击"焊接"命令 ，将三个线框合并成滚轮线框（图 3-31）；选择大矩形及大圆，单击"焊接"命令 ，合并成摄像头线框（图 3-32）；使用交互式填充工具 ，添加线性渐变（图 3-33），设置渐变节点（图 3-34）。

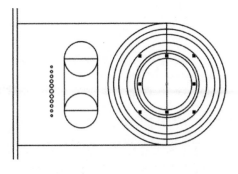

图 3-30　同心圆

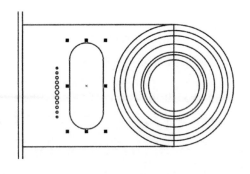

图 3-31　线框合并

　　使用交互式填充工具 ，添加线性渐变（图 3-35），设置渐变节点（图 3-36），轮廓改为无色（图 3-37）。上端渐变设置参考图 3-38，下端渐变设置参考图 3-39。

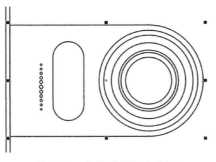

图 3-32　合并成摄像头线框

图 3-33　线性渐变

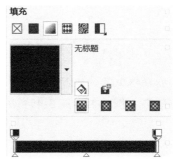

图 3-34　渐变节点参考

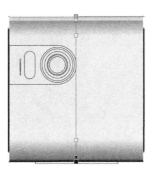

图 3-35　线性渐变

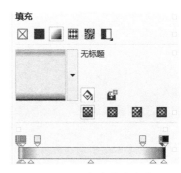

图 3-36　渐变节点参考

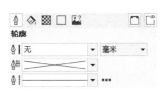

图 3-37　轮廓改为无色

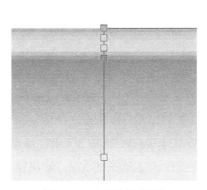

图 3-38　上端渐变设置

图 3-39　下端渐变设置

使用交互式填充工具 ，添加摄像头线性渐变（图3-40），渐变设置参考图3-41。

图 3-40　摄像头线性渐变

图 3-41　渐变设置参考

使用交互式填充工具 ，添加底座线性渐变（图3-42），渐变设置参考图3-43。原地复制粘贴底座线框并填充为黑色，使用透明度工具 自下向上添加一个透明度，做出底座暗面立体效果（图3-44、图3-45）。

图 3-42　底座线性渐变

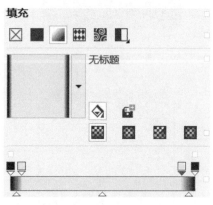

图 3-43　渐变设置参考

图 3-44　添加透明度

图 3-45　底座暗面立体效果

音响孔小圆先填充白色（图3-46）；鼠标左键选中小圆不放，向右移动，并按一下右键，同时释放左右键进行移动复制，填充为黑色，做出立体效果（图3-47）。

鼠标左键在页面空白处单击一下，在上方属性栏设置微调距离为1.0mm。原地复制粘贴滚轮线框（图3-48），使用形状工具，利用键盘上的方向键，选择上方三个节点和下方三个节点，移动至合适位置，然后选择左右两侧两个节点，移动至合适位置（图3-49）；使用交互式填充工具 ，添加滚轮线性渐变（图3-50）；使用钢笔工具绘制高光形状并填充为白色（图3-51），将高光填充转化为位图，并对其进行高斯式模糊，将上一步调整形状后的圆角矩形轮廓填充为灰色，并调大线条宽度（图 3-52）；原地复制粘贴该线框，缩小并填充为黑色（图 3-53）。

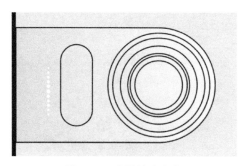

图 3-46　小圆填充白色

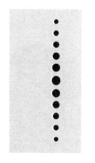

图 3-47　填充为黑色

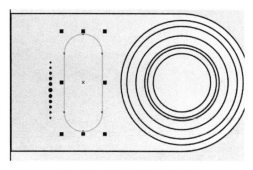

图 3-48　复制粘贴滚轮线框

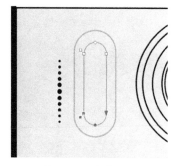

图 3-49　移动位置

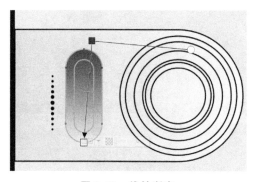

图 3-50　线性渐变

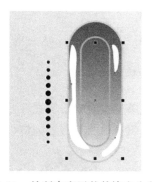

图 3-51　绘制高光形状并填充为白色

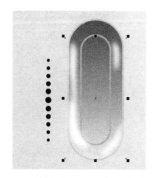

图 3-52　填充为灰色，调大线条宽度

图 3-53　填充为黑色

原地复制粘贴填充为黑色的线框并缩小，添加线性渐变（图 3-54），渐变设置参考图 3-55；继续粘贴并填充为白色（图 3-56），添加透明度（图 3-57）；继续复制粘贴并填充为白色，添加透明度（图 3-58），做出滚轮整体立体效果。

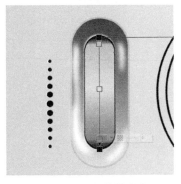

图 3-54　添加线性渐变

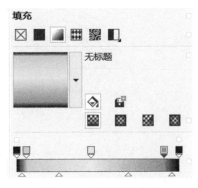

图 3-55　渐变设置参考

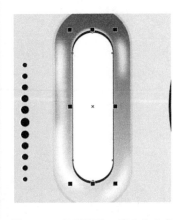

图 3-56　复制粘贴，填充为白色

图 3-57　添加透明度

图 3-58　再次添加透明度

绘制线条，设置合适线宽并将轮廓色设置为黑色（图 3-59）。选中线条向下移动复制，调小线宽，轮廓色改为白色，做出滚轮表面凹陷效果（图 3-60）。

图 3-59　绘制线条

图 3-60　滚轮表面凹陷效果

使用交互式填充工具 ，斜向下添加镜头线性渐变（图 3-61）；使用交互式填充工具 ，水平方向添加线性渐变（图 3-62）；完成投影仪快速二维表现（图 3-63）。

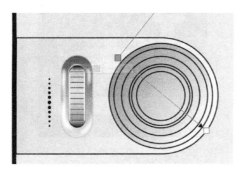

图 3-61　添加镜头线性渐变

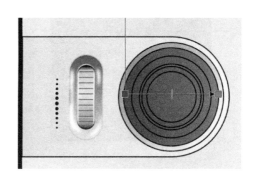

图 3-62　水平方向添加线性渐变

三、SketchBook 快速绘制光影环境在复杂产品形体上的金属镜面反射表现

图 3-63　完成投影仪快速二维表现

添加图层，使用铅笔工具 ✏️ 快速绘制线稿（图 3-64）；添加喷枪工具 🖌️，配合橡皮擦工具 ▣ 添加边缘暗面（图 3-65）；添加图层，在颜色圆盘中选择蓝色，使用喷枪工具绘制天空环境反射效果（图 3-66）；添加图层，使用板刷工具 🖌️ 配合橡皮擦工具 ▣ 绘制边缘锐化的黑色反射效果，完成快速金属镜面反射表现（图 3-67）。

图 3-64　绘制线稿

图 3-65　添加边缘暗面

图 3-66　喷枪工具绘制天空环境反射效果

图 3-67　金属镜面反射表现

📋 **练习**

金属把手镜面反射的快速表现：添加图层，使用油漆桶工具 🪣 将图层填充为黑色（图 3-68）；使用板刷工具 🖌️，用白色刷出把手造型，中间适当留出黑色，以留作之后绘制环境反射效果（图 3-69）；使用铅笔工具 ✏️ 绘制把手曲面变化线框（图 3-70）；使用喷枪工具 🖌️ 绘制暗面（图 3-71）。

06.SketchBook
门把手

图 3-68　填充为黑色

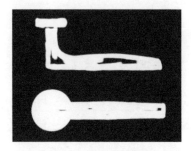

图 3-69　刷出把手造型

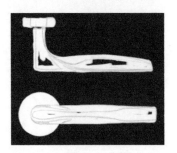

图 3-70　绘制把手曲面变化线框

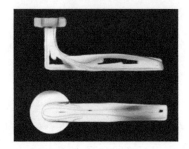

图 3- 71　绘制暗面

用板刷工具绘制出把手表面反射的黑色环境效果（图 3-72）。

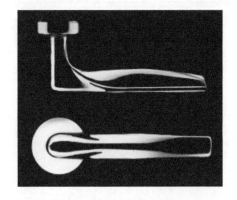

图 3-72　反射的黑色环境效果

参考图 3-73 线稿进行不同角度的曲面光影快速绘制（图 3-74）。

图 3-73　线稿

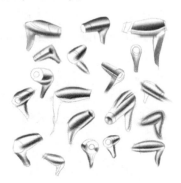

图 3-74　线稿曲面光影效果

第三节　光影实际应用分析

▶▶【学习要求】

在了解光影基础知识及反射表现的基础上，使用 SketchBook 进行交通工具整体光影反射表现。

本节以图 3-75 所示的交通工具整体光影反射表现为实例介绍光影的实际应用。

添加图层，使用铅笔工具 ✏️ 快速绘制线稿（图 3-76）；使用板刷工具 🖌️ 用深灰色刷出背景（图 3-77）；选择更深的灰色调，用板刷工具刷出背景（图 3-78）；用喷枪工具 🎨 配合橡皮擦工具 🧽 绘制前轮毂、侧面车身、车窗第一层暗面（图 3-79）。

图 3-75　交通工具整体光影反射表现

07.SketchBook 车

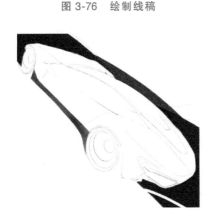

图 3-76　绘制线稿

图 3-77　刷背景

图 3-78　再刷背景

图 3-79　绘制前轮毂，侧面车身，车窗第一层暗面

按一定顺序，使用喷枪工具  及橡皮擦工具 绘制车身暗面（图3-80、图3-81）。

图 3-80　绘制车身暗面（1）

图 3-81　绘制车身暗面（2）

绘制车窗暗面（图3-82）；绘制车尾曲面暗面（图3-83）。

图 3-82　绘制车窗暗面

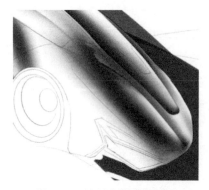

图 3-83　绘制车尾曲面暗面

绘制后轮翼子板暗面（图3-84）；完善车尾暗面（图3-85）。

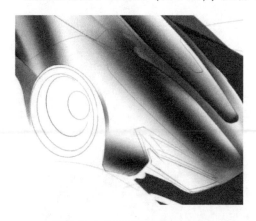

图 3-84　绘制后轮翼子板暗面

图 3-85　完善车尾暗面

绘制后轮翼子板与车尾之间的曲面转折、曲面空间效果（图3-86）；绘制车尾保险杠曲面暗面（图3-87）。

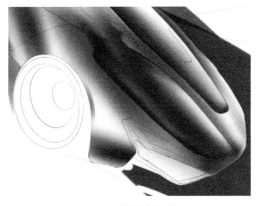

图 3-86　曲面空间效果

图 3-87　绘制车尾保险杠曲面暗面

厚涂车风窗玻璃暗面（图 3-88），绘制右前轮轮眉暗面（图 3-89），绘制车风窗玻璃暗面（图 3-90、图 3-91）。

图 3-88　厚涂车风窗玻璃暗面

图 3-89　绘制右前轮轮眉暗面

图 3-90　绘制车风窗玻璃暗面（1）

图 3-91　绘制车风窗玻璃暗面（2）

添加车顶、侧面车身、车尾灯曲面边缘高光暗面效果（图 3-92~图 3-95）。

图 3-92　车顶效果（1）

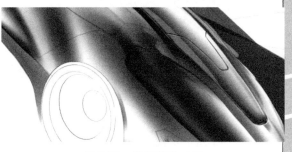

图 3-93　车顶效果（2）

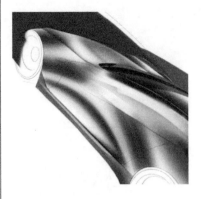

图 3-94 侧面车身效果

图 3-95 车尾灯曲面效果

使用板刷工具，选择黑色，厚涂绘制车窗、侧面转向灯、车尾保险杠车灯部分（图 3-96、图 3-97）。

图 3-96 厚涂车窗

图 3-97 厚涂侧面转向灯、
车尾保险杠车灯部分

车尾保险杠亮面绘制（图 3-98~图 3-101）。

图 3-98 车尾保险杠亮面绘制（1）

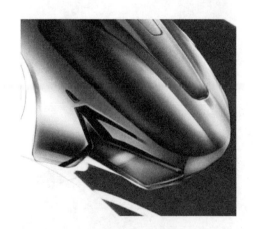

图 3-99 车尾保险杠亮面绘制（2）

图 3-100 车尾保险杠亮面绘制（3）

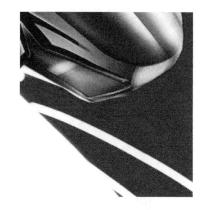

图 3-101 车尾保险杠亮面绘制（4）

车尾亮面及高光绘制（图 3-102～图 3-107）。

图 3-102 车尾亮面

图 3-103 高光绘制（1）

图 3-104 高光绘制（2）

图 3-105 高光绘制（3）

图 3-106　高光绘制（4）　　　　　　　　图 3-107　高光绘制（5）

后轮翼子板高光面绘制（图 3-108、图 3-109）

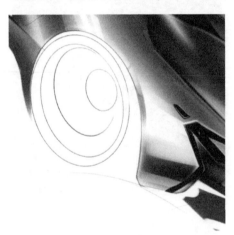 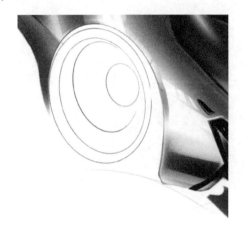

图 3-108　后轮翼子板高光面绘制（1）　　　图 3-109　后轮翼子板高光面绘制（2）

车身侧面高光面绘制（图 3-110）；车身暗面细节绘制（图 3-111）。

图 3-110　车身侧面高光面绘制　　　　　　图 3-111　车身暗面细节绘制

产品设计二维表达

车身侧面亮面绘制（图 3-112）；高光绘制（图 3-113）；车门接缝绘制（图 3-114）；转向灯绘制（图 3-115）。

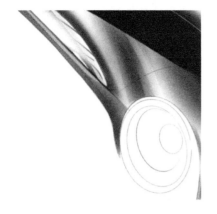

图 3-112 车身侧面亮面绘制

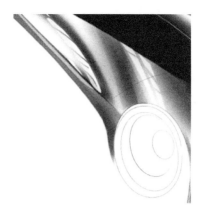

图 3-113 高光绘制

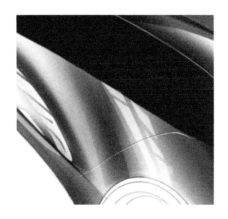

图 3-114 车门接缝绘制

图 3-115 转向灯绘制

前轮翼子板高光绘制（图 3-116）。

车灯绘制，先用板刷工具刷出车灯形状（图 3-117），再用喷枪工具绘制光晕效果（图 3-118）。

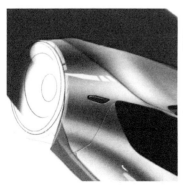

图 3-116 前轮翼子板高光绘制

图 3-117 厚涂车灯

图 3-118 绘制光晕效果

喷枪工具配合橡皮擦工具绘制车窗高光纹理（图 3-119）。

设置毛发笔刷工具的参数（图 3-120），压力设置参考图 3-121，图章参数设置参考图 3-122，笔尖参数设置参考图 3-123，勾选笔刷形状，随机性设置参考图 3-124。

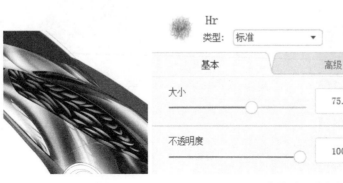

图 3-119　添加高光纹理　　　　图 3-120　毛发笔刷工具参数　　　　图 3-121　压力设置参考

图 3-122　图章参数设置参考　　　图 3-123　笔尖参数设置参考　　　图 3-124　随机性设置参考

车窗纹理绘制（图 3-125）。

图 3-125　车窗纹理绘制

排线笔刷设置参考（图 3-126）；压力设置参考（图 3-127）；图章参数设置参考（图 3-128）；笔尖参数设置参考（图 3-129），勾选"形状"；随机性设置参考（图 3-130）。绘制车窗底纹排线线条（图 3-131）；用喷枪工具绘制车窗亮面（图 3-132、图 3-133）；绘制车窗高光面（图 3-134、图 3-135）。

Simple Lines (Thin)
类型：标准

| 基本 | 高级 |

大小　　　　　　　　　70.0

不透明度　　　　　　　90%

图 3-126　排线笔刷设置参考

▼压力

大小（重压）　　　　　70.0

大小（轻压）　　　　　70.0

不透明度（重压）　　　90%

不透明度（轻压）　　　1%

流量（重压）　　　　　100%

流量（轻压）　　　　　100%

图 3-127　压力设置参考

图 3-128　图章参数设置参考

图 3-129　笔尖参数设置参考

图 3-130　随机性设置参考

图 3-131　车窗底纹排线线条

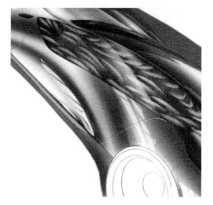

图 3-132　车窗亮面（1）

　　绘制车轮。用板刷工具选取黑色，绘制车轮黑色底面（图 3-136）；选取灰色，绘制后轮轮毂底色（图 3-137）；选取灰色，绘制后轮轮辐底色（图 3-138）；加深灰色，绘制轮辐（图 3-139）。

　　用板刷工具继续绘制轮辐底色（图 3-140、图 3-141）；用喷枪工具绘制轮毂暗面（图 3-142、图 3-143）。

图 3-133　车窗亮面（2）

图 3-134　车窗高光面（1）

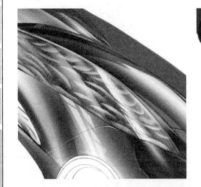

图 3-135　车窗高光面（2）

图 3-136　车轮黑色底面

图 3-137　后轮轮毂底色

图 3-138　后轮轮辐底色

图 3-139　轮辐

图 3-140　轮辐底色（1）

图 3-141　轮辐底色（2）

图 3-142　轮毂暗面（1）

图 3-143　轮毂暗面（2）

用板刷工具选取白色，绘制轮毂亮面（图 3-144）；用喷枪工具选取白色，绘制轮胎亮面（图 3-145）。

图 3-144　轮毂亮面（1）

图 3-145　轮胎亮面（2）

用板刷工具绘制轮胎侧面，并用喷枪工具进行立体效果绘制（图 3-146），选取浅灰色添加轮毂高光（图 3-147）。

图 3-146　轮胎侧面立体效果

图 3-147　轮毂高光

用板刷工具绘制前轮轮毂（图3-148）；用喷枪工具绘制轮毂暗面（图3-149）；用板刷工具选取黑色，绘制前轮轮辐细节，并用喷枪工具绘制亮面（图3-150）；用板刷工具选取白色，绘制前轮轮毂高光效果（图3-151），完成绘制（图3-152）。

图 3-148　前轮轮毂

图 3-149　轮毂暗面

图 3-150　轮辐细节

图 3-151　轮毂高光

图 3-152　完成绘制

产品设计二维表达

汝瓷艺术丨匠心传承，再现经典

如果把汝窑瓷视为一幅水墨画，那么"雨过天晴云破处，这般颜色做将来"就是这幅字画的御笔题字。相传，北宋徽宗皇帝在梦中作画，梦到雨过天晴，他对梦中见到的雨后天空的那种颜色非常喜欢，因此下旨给官窑场要求烧制出这种颜色的瓷器。汝州的工匠胆大心细，经过不断地尝试终于烧制出了"雨过天晴"的"青色"。

据汝窑相关文献记载，宝丰清凉寺的汝窑，烧制时间为北宋元祐元年（公元1086年）到宋徽宗崇宁五年（公元1106年），后北宋灭亡，汝窑不复存在，共烧制仅20年，汝窑瓷器存世量极少，因此有"家有万金，不如汝窑瓷一件"的说法。

据国家级非物质文化遗产项目汝瓷烧制技艺代表性传承人朱文立介绍，历朝历代都在仿制汝瓷，但因其配釉和窑变工艺独特，仿制无一成功。直到1953年，周恩来总理亲自批示："发掘祖国文化遗产，恢复汝瓷生产。"此后，为了汝窑的恢复，不负周总理重托，半个多世纪以来，一代又一代汝瓷工匠栉风沐雨，克难攻坚，矢志不渝。汝瓷工匠一直把能复原"雨过天晴云破处"的天青色作为最高追求。为了寻找矿石原料，他们不分寒暑，踏遍荒山野岭。为了调配方、做实验，他们每次都要站在温度高达上千度的窑炉旁观察，一窑烧下来，往往累得像生了一场大病。

在一代代汝瓷工匠的努力下，汝瓷恢复不断取得新进展：1964年，汝瓷豆绿釉烧制成功，随后开始小批量生产；1988年，汝瓷月白釉、天青釉陆续试验成功，引起整个古陶瓷界震动，成为汝官窑全面恢复的重要转折点；2010年6月，汝瓷烧制技艺列入国家级非物质遗产保护名录。

从汝瓷复兴的例子中我们可以知道，正是由于一代又一代工匠的坚持与努力，才成就了汝瓷今天的成绩。任何成就都不是一蹴而就的，学习也是一样，作为未来的设计师的同学们，虽不能亲临产品的整个生产流程，但是产品最初的概念诞生，却是出自设计师们之手，这便是我们爱惜作品、力求负责的动力所在。为了使产品能够展现出更好的品质，设计师们需要仔细对比数十种相似的潘通色彩，为每一处边缘尝试不同的倒角，每一处细节都要细细打磨，若稍有纵容"差不多"之处，我们自己的信心打了一分折扣，更无以说服他人。设计师其实并没有一下子就做出一个"爆款"的神通，有的只是无法坐视分毫不和谐而持续打磨作品的恒心罢了，这就是看似神奇，却大巧不工的"工匠精神"。

前面，我们了解了汝瓷了的生产特色，那么这里，我们就以图3-153所示汝瓷茶杯设计作为案例，通过对这款茶杯颜色、质感、光亮、细节的描摹，来体会一下汝瓷中蕴含的工匠精神。希望以此能够给同学以启示，开启同学们的工匠精神感悟之旅。

图3-153　汝瓷茶杯

技能进阶篇

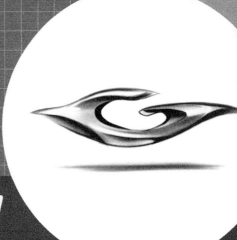

第四章

SketchBook与CorelDRAW 造型表达

 【学习目标】

1) 掌握 SketchBook 与 CorelDRAW 绘制产品基础效果图的步骤与特点。
2) 能够使用 SketchBook 与 CorelDRAW 绘制简单的产品二维效果图。

 【学习重点】

1) 能够使用 CorelDRAW 快速绘制简单几何体。
2) 能够使用 SketchBook 快速绘制复杂形体。
3) 能够使用 CorelDRAW 与 SketchBook 绘制渐消面。
4) 了解 SketchBook 与 CorelDRAW 两款软件在绘制产品时的特色表达。

 【学习难点】

1) 使用 CorelDRAW 中的渐变工具调整产品光影效果。
2) 使用 SketchBook 中的喷枪工具和橡皮擦工具进行产品造型塑造。

第一节　CorelDRAW 快速绘制简单几何体

 【学习要求】

　　熟悉 CorelDRAW 绘制产品效果图的步骤；能够根据提示，完成简单的几何体产品绘制；在练习中提升使用渐变工具的熟练度。

　　图 4-1 所示为一个表面为磨砂金属质感的产品，整体可视为一个长方体，以此产品为实例，使用 CorelDRAW 进行二维绘制。

一、线稿绘制

　　使用矩形工具▢绘制产品底座线框（图 4-2）；使用钢笔工具绘制产品主体线框，产品主体基础形态为圆角过的长方体，因此线框四角需向中间收拢，绘制结果如图 4-3 所示；使用钢笔工具绘制产品右上角的细节部分（图 4-4 ～图 4-8），使用矩形工具绘制主体接缝线（图 4-9）。

08.CorelDRAW
磨砂质感产品

图 4-1　磨砂金属质感产品

图 4-2　绘制底座线框

图 4-3　绘制主体

图 4-4　绘制细节底座

图 4-5　绘制细节中部

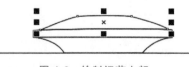

图 4-6　绘制细节上部

图 4-7　绘制圆角矩形

产品设计二维表达

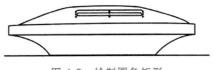

图 4-8 绘制圆角矩形

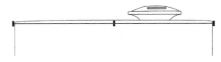

图 4-9 接缝线绘制

二、交互式填充

使用交互式填充工具 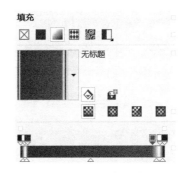 为底座添加线性渐变效果（图 4-10），渐变设置参考图 4-11。

图 4-10 底座添加线性渐变

图 4-11 渐变设置

使用交互式填充工具◇ 为主体添加线性渐变效果（图 4-12），渐变设置参考图 4-13。

图 4-12 主体添加线性渐变

图 4-13 渐变设置

使用交互式填充工具◇，自上向下给部件下面部分添加线性渐变（图 4-14）；在该小部件下方绘制一条曲线（图 4-15），轮廓设置为白色，转换为位图，添加高斯式模糊（图 4-16）；完成部件下边缘绘制（图 4-17）。

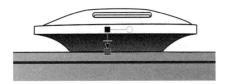

图 4-14 自上向下添加线性渐变

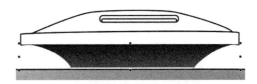

图 4-15 绘制曲线

使用交互式填充工具◇，自左向右给部件中间部分添加线性渐变（图 4-18），添加中间部分下边缘线性渐变效果（图 4-19），添加中间部分上边缘线性渐变效果（图 4-20），斜向上添加部件上面部分线性渐变效果（图4-21）。

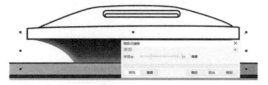

图 4-16　添加高斯式模糊

图 4-17　部件下边缘完成图

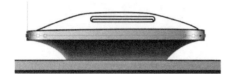

图 4-18　中间部分添加线性渐变

图 4-19　下边缘线性渐变效果

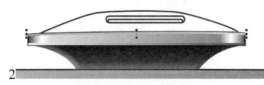

图 4-20　上边缘线性渐变效果

图 4-21　斜向上添加线性渐变效果

原地复制粘贴上半部分线框，填充为白色（图4-22）；添加透明度（图4-23）。

图 4-22　填充为白色

图 4-23　添加透明度

继续原地复制粘贴上半部分线框，填充为白色（图4-24）；使用透明度工具 斜向下添加透明度，做出边缘高光效果（图4-25）。

图 4-24　填充为白色

图 4-25　添加透明度

使用交互式填充工具 ，自下向上给部件添加线性渐变（图4-26），转换为位图，添加高斯式模糊（图4-27），填充为黑色，完成右上角部件的绘制（图4-28）。

图 4-26　线性渐变

图 4-27　添加高斯式模糊

图 4-28　填充为黑色

练 习

　　使用矩形工具▢绘制产品主体，注意主体矩形画完后，在属性栏解锁
"同时编辑所有圆角"（图 4-29），只调整下面两个圆角数值，即可得到主
体线框。绘制中间圆角矩形时锁定"同时编辑所有圆角"（图 4-30），变动
一个圆角半径数值即可同时变动其他三个圆角（图 4-31）。使用矩形工具▢绘制产品接缝线
（图 4-32）和产品上边缘（图 4-33）。使用交互式填充工具◈，自左向右给主体添加线性渐
变（图 4-34），线性渐变设置参考图 4-35。

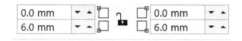

图 4-29　解锁"同时编辑所有圆角"

图 4-30　锁定"同时编辑所有圆角"

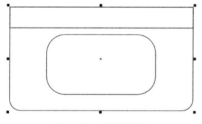

图 4-31　编辑圆角

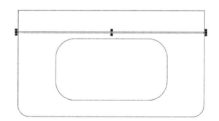

图 4-32　绘制产品接缝线

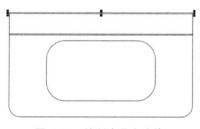

图 4-33　绘制产品上边缘

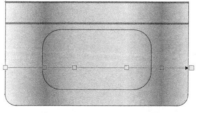

图 4-34　主体添加线性渐变

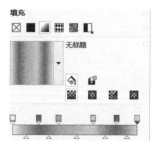

图 4-35　线性渐变设置参考

　　选择"文件"→"导入"，导入一张纹理素材图片（图 4-36）；单击右键，在菜单栏中选
择 PowerClip 内部，然后鼠标左键单击要置入纹理图片的线框，将该纹理素材置入产品上部
矩形（图 4-37）（在做这一步之前，先将该矩形复制一个，后面步骤会用到）。移动鼠标至
图文框下方，在🔲🔲🔲🔲 ▸上单击第一个命令"编辑图文"，可移动纹理至合适位置。

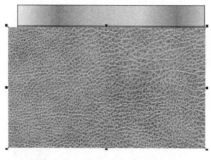

图 4-36 导入纹理素材图片

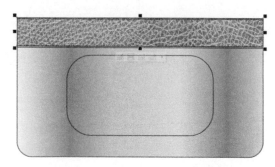

图 4-37 PowerClip 置入纹理图片

将上一步复制的矩形，原地粘贴，填充为黑色（图 4-38）；使用透明度工具 ▨，给纹理添加线性透明度（图 4-39），透明度设置参考图 4-40。

图 4-38 填充为黑色

图 4-39 添加线性透明度

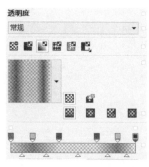

图 4-40 透明度设置参考

使用交互式填充工具 ◇，添加线性渐变，做出产品上边缘和接缝线的立体效果（图 4-41）；完成图如图 4-42 所示。

图 4-41 添加线性渐变

图 4-42 完成图

产品设计二维表达

使用交互式填充工具 ，斜向给圆角矩形添加线性渐变（图 4-43）；原地复制粘贴该圆角矩形，并按住【Shift】键从中心缩小该线框，同样斜向添加线性渐变（图 4-44）。

图 4-43　斜向添加线性渐变（1）

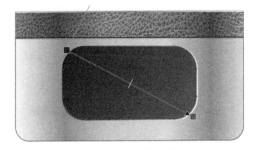

图 4-44　斜向添加线性渐变（2）

原地复制粘贴缩小后的圆角矩形，填充为黑色，然后再复制一份，不要粘贴（图 4-45）；使用透明度工具 给第一次粘贴填充为黑色的线框添加线性透明度（图 4-46）；做完第一次透明度后，再粘贴圆角矩形，使用透明度工具 添加透明度（图 4-47）。原地复制粘贴产品主体线框，填充为黑色（图 4-48），使用透明度工具 添加线性透明度（图 4-49）。

图 4-45　填充为黑色

图 4-46　添加线性透明度

图 4-47　粘贴并添加透明度

图 4-48　填充为黑色

图 4-49　再次添加线性透明度

绘制两个矩形，填充为白色（图4-50）；将该两个白色图形转换成位图，并添加高斯式模糊，做出产品高光效果，完成产品绘制（图4-51）。

图4-50 填充为白色　　　　　　　　　图4-51 转换成位图，添加高斯式模糊

第二节　SketchBook 快速绘制复杂形体

【学习要求】

熟悉 SketchBook 绘制产品效果图的步骤；能够根据书本提示，完成 SketchBook 复杂形体产品的绘制；加强喷枪工具与橡皮擦工具配合使用的熟练度。

一、底色高光法

添加图层，使用铅笔工具 绘制线稿，注意线稿一定要绘制成封闭状态（图4-52）；使用油漆桶工具 填充为黑色，在图层上按住鼠标左键不放，选择复制图层（图4-53），复制黑色底色图形（图4-54）。

10.SketchBook
底色高光

图4-52 绘制线稿　　　　　　图4-53 复制图层　　　　　　图4-54 复制黑色底色图形

使用喷枪工具 ，选取白色，绘制高光面（图4-55），绘制接缝线（图4-56），底部效果如图4-57所示；继续使用喷枪工具绘制其他高光面，表现瓶盖曲面变化，完成图如图4-58所示。

图 4-55　绘制高光面

图 4-56　绘制接缝线

图 4-57　底部效果

11.SketchBook
通用画法

图 4-58　完成图

二、SketchBook 通用二维表达绘制方式

添加图层，使用铅笔工具绘制线稿（图 4-59）；使用喷枪工具，选取黑色，绘制阴影，表现该物体的悬空状态（图 4-60）。

图 4-59　绘制线稿

图 4-60　绘制阴影

使用喷枪工具，选取黑色，表现产品曲面转折关系（图 4-61），加深暗面（图 4-62）；使用板刷工具 ，继续加深暗面（图 4-63），暗面加深放大图如图 4-64、图 4-65 所示。

图 4-61　喷枪绘制暗面

图 4-62　加深暗面

使用喷枪工具，选取白色，绘制产品高光面（图 4-66~图 4-68）。完成图如图 4-69 所示。

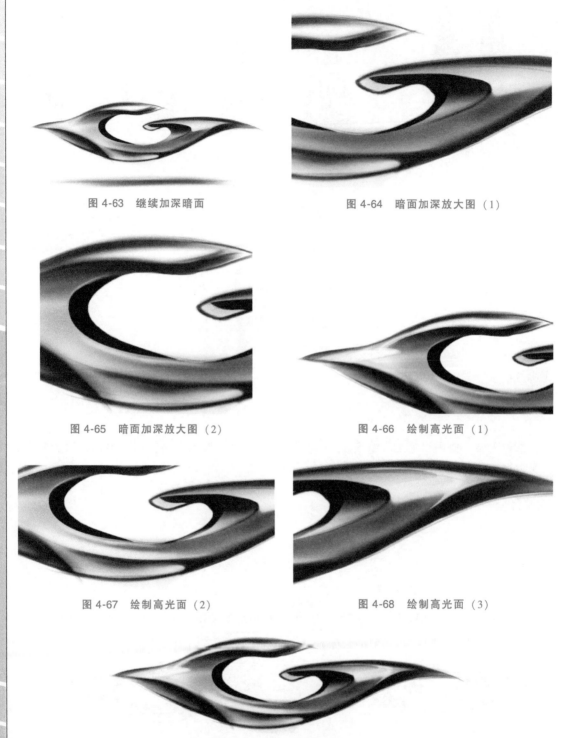

图 4-63　继续加深暗面　　　　　　　　图 4-64　暗面加深放大图（1）

图 4-65　暗面加深放大图（2）　　　　　图 4-66　绘制高光面（1）

图 4-67　绘制高光面（2）　　　　　　图 4-68　绘制高光面（3）

图 4-69　完成图

第三节 渐消面造型

【学习要求】

　　根据绘制步骤提示，分别使用 CorelDRAW 与 SketchBook 完成渐消面的绘制；在绘制过程中，进一步明晰两款软件的绘制特色及应用效果。

一、CorelDRAW 快速绘制渐消面

12.CorelDRAW
渐消面

　　使用贝塞尔工具 ✏ 贝塞尔(B)绘制线框（图 4-70）；使用交互式填充工具 ◈ 添加椭圆形渐变（图 4-71）。

　　使用交互式填充工具 ◈ 添加线性渐变（图 4-72）；将图形转换为位图（图 4-73），添加高斯式模糊（图 4-74）；绘制图形并填充为黑色（图 4-75），使用透明度工具 ▨ 添加椭圆形透明度 ▨（图 4-76）；将图形转换为位图，添加高斯式模糊，制作渐消面暗面（图 4-77）；完成图如图 4-78 所示。

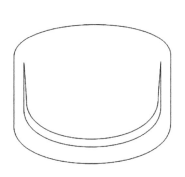

图 4-70　绘制线框

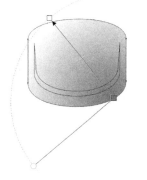

图 4-71　椭圆形渐变

图 4-72　线性渐变

图 4-73　转换为位图

第四章　SketchBook 与 CorelDRAW 造型表达

85

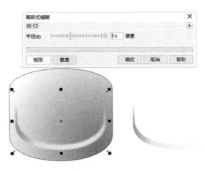

图 4-74　高斯式模糊

图 4-75　填充为黑色

图 4-76　椭圆形透明度

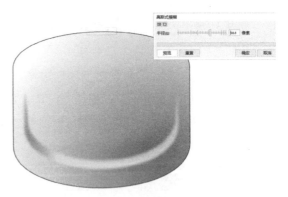

图 4-77　高斯式模糊

二、SketchBook 快速绘制渐消面

　　添加图层，使用铅笔工具绘制线稿，注意线稿一定要绘制成封闭状态（图 4-79）；使用油漆桶工具填充为黑色（图 4-80）。

　　填充黑色（或其他纯色）的目的是方便后期用魔棒选取工具选取（图 4-81）。魔棒选取时会出现虚线框，然后新建图层，使用喷枪进行明暗绘制（图 4-82）。

13.SketchBook
渐消面

图 4-78　完成图

图 4-79　绘制线稿

图 4-80　填充为黑色

产品设计二维表达

图 4-81　魔棒选取

图 4-82　明暗绘制

在需要表现渐消面的位置，使用喷枪工具，选取黑色，绘制暗面（图4-83）；使用橡皮擦工具擦出锐边，得到渐消面效果（图4-84）；使用喷枪工具，选取白色，绘制亮面（图4-85）；使用橡皮擦工具擦出锐边，得到渐消面效果（图4-86）；完成图如图4-87所示。

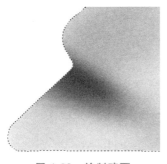

图 4-83　绘制暗面

图 4-84　擦出锐边

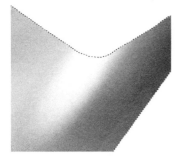

图 4-85　绘制亮面

图 4-86　擦出锐边

图 4-87　完成图

14.SketchBook
勺子（1）

练习

利用 SketchBook 按图 4-88 所示步骤完成渐消面绘制。

图 4-88　练习作业

第章

SketchBook与CorelDRAW
光影及上色表达技巧

第一节　单色产品表达

◧》【学习要求】

　　完成 CorelDRAW 与 SketchBook 单色产品绘制案例，掌握从整体到局部再到细节刻画的上色流程。

一、CorelDRAW 快速绘制拉丝金属纹理产品

　　使用矩形工具▭及椭圆形工具◯完成线稿的绘制（图 5-1）；对大矩形进行圆角时注意解锁"同时编辑所有圆角"，对左、右两个大矩形进行不同半径圆角（图 5-2）；对小矩形进行圆角时要锁定"同时编辑所有圆角"，再进行圆角（图 5-3）。

15.CorelDRAW
单色产品

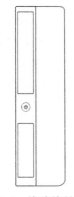

图 5-1　线稿绘制参考　　　图 5-2　圆角编辑（1）　　　图 5-3　圆角编辑（2）

使用交互式填充工具 ，水平添加线性渐变（图 5-4）；线性渐变设置参考图 5-5。

图 5-4　线性渐变

图 5-5　线性渐变设置参考

选择"文件"→"导入"，导入拉丝金属纹理图片（图 5-6）；先复制左侧矩形，留待后续步骤使用，对象菜单选择"PowerClip"→"置于图文框内部"，将纹理置入左侧矩形（图 5-7）。原地粘贴左侧矩形，填充为白色（图 5-8）；使用透明度工具 ，垂直方向添加透明度，完成左侧拉丝金属装饰板绘制（图 5-9）；透明度设置参考图 5-10。

图 5-6　导入拉丝金属纹理图片

图 5-7　置入纹理

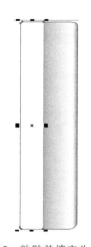

图 5-8　粘贴并填充为白色

图 5-9　添加透明度

选择左侧上方小矩形，将轮廓设置适当宽度并设置为黑色（图 5-11），单击 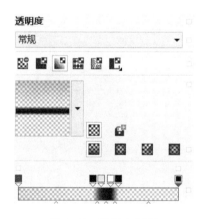将小矩形转化为曲线，在菜单工具栏中选择"将轮廓转换为对象"，将轮廓转化为图形，原地复制粘贴并填充为白色（图 5-12）；使用透明度工具 ，斜向添加透明度（图 5-13）。

图 5-10　透明度设置

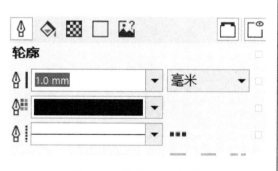

图 5-11　轮廓设置为黑色

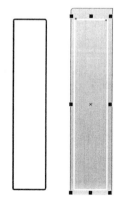

图 5-12　填充为白色

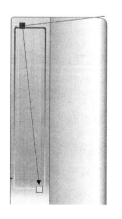

图 5-13　斜向添加透明度

将上一步完成的透明度图形转换成位图，添加高斯式模糊效果，调整图层顺序，做出接缝线过渡效果（图5-14）；完成横向接缝线绘制（图5-15）。

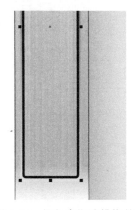

图 5-14　添加高斯式模糊效果

图 5-15　接缝线绘制

按上面步骤，完成左侧下方小矩形接缝线绘制（图5-16）；使用交互式填充工具，斜向添加线性渐变（图5-17）。

图 5-16　接缝线绘制

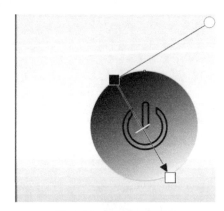

图 5-17　添加线性渐变

将上一步线性渐变圆形转换成位图并添加高斯式模糊，做出按钮与产品左侧装饰板的接缝线，在之上绘制一个正圆，填充为黑色，再绘制一个小圆，添加线性渐变，完成按钮主体的绘制（图5-18）。用线稿方式绘制电源图标，完成图如图5-19所示。

二、SketchBook 快速绘制单色产品

添加图层，使用铅笔工具绘制线稿（图5-20）；添加图层，使用喷枪工具，选取黑色，快速绘制汽车暗面（图5-21）；添加图层，使用喷枪工具配合橡皮擦工具绘制出车身锐化暗面转折面（图5-22）。

使用喷枪工具绘制车轮轮眉暗面（图5-23）；后轮轮眉稍微加亮（图5-24）；使用喷枪工具绘制车窗暗面（图5-25）；车窗后部添加锐化边缘亮面（图5-26）。

16.SketchBook
宝马单色

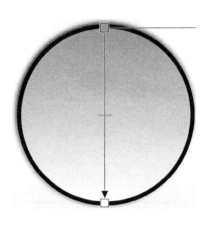

图 5-18　添加高斯式模糊

图 5-19　完成图

图 5-20　绘制线稿

图 5-21　绘制汽车暗面

图 5-22　车身锐化暗面转折面

图 5-23　车轮轮眉暗面

图 5-24　后轮轮眉稍微加亮

图 5-25　车窗暗面 　　　　　　　　图 5-26　车窗后部添加锐化边缘亮面

使用喷枪工具 ![] 绘制车顶（图 5-27）；绘制车顶细节（图 5-28~图 5-30）。

图 5-27　车顶 　　　　　　　　　　图 5-28　车顶细节（1）

图 5-29　车顶细节（2）　　　　　　图 5-30　车顶细节（3）

绘制车前脸（图 5-31）；车前脸保险杠添加高光线（图 5-32）。

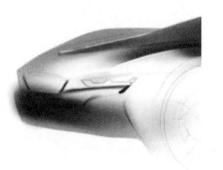

图 5-31　车前脸 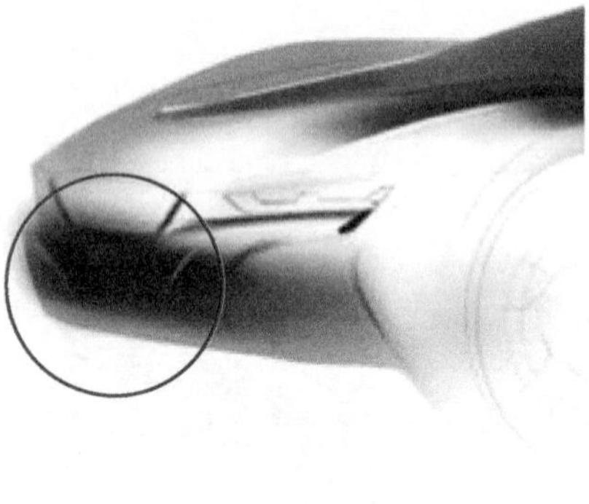　　　　　　　　　　图 5-32　高光线

使用喷枪工具 ![] 绘制轮胎（图 5-33）；
使用板刷工具 ![]，选取黑色，绘制车轮、
进气栅格、车灯的底色（图 5-34）；使用
板刷工具 ![]，选取灰色，绘制轮辐底色
（图 5-35）；使用喷枪工具 ![] 绘制暗面
（图 5-36）。

图 5-33　绘制轮胎

图 5-34　绘制底色

图 5-35　轮辐底色

绘制轮毂亮面（图 5-37）；添加红色卡钳（图 5-38）；绘制进气栅格蓝色底色（图 5-39）；绘制蓝色进气栅格暗面（图 5-40）。

图 5-36　绘制暗面　　　　　　　　　　　图 5-37　轮毂亮面

图 5-38　添加红色卡钳

图 5-39　进气栅格蓝色底色

图 5-40　进气栅格暗面

绘制蓝色进气栅格亮面（图 5-41）；添加进气栅格高光（图 5-42）；使用板刷工具 ，选取白色，绘制车灯底色（图 5-43）；绘制车灯槽曲面转折亮面（图 5-44）。

图 5-41　进气栅格亮面

图 5-42　进气栅格高光

图 5-43　车灯底色

阶段完成参考图如图 5-45 所示；绘制车窗白色反光面及车头与车窗连接处暗面（图 5-46）；车窗低边添加高光点及车身蓝色（图 5-47）。

图 5-44　车灯槽曲面转折亮面

图 5-45　阶段完成参考图

图 5-46　反光面及暗面

图 5-47　车窗低边添加高光点及车身蓝色

第二节　CorelDRAW 快速绘制双色产品

【学习要求】

能够根据光影知识，使用 CorelDRAW 完成磨刀器的双色案例绘制，明确双色搭配在产品表达中呈现的效果。

本节以图 5-48 所示磨刀器为实例介绍使用 CorelDRAW 快速绘制双色产品的方法。绘制矩形（图 5-49）。

图 5-48　双色产品

17.CorelDRAW
双色产品

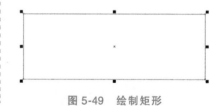

图 5-49　绘制矩形

解锁"同时编辑所有圆角"（图 5-50）；完成矩形圆角化（图 5-51）。

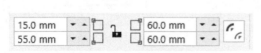

图 5-50　编辑圆角半径

图 5-51　完成矩形圆角化

绘制矩形（图 5-52），解锁"同时编辑所有圆角"（图 5-53），完成矩形圆角化（图 5-54）；复制该圆角矩形，按住【Shift】键，选择这两个矩形，单击"移除前面对象" ⬚（图 5-55）；原地粘贴上一步复制的圆角矩形（图 5-56）。

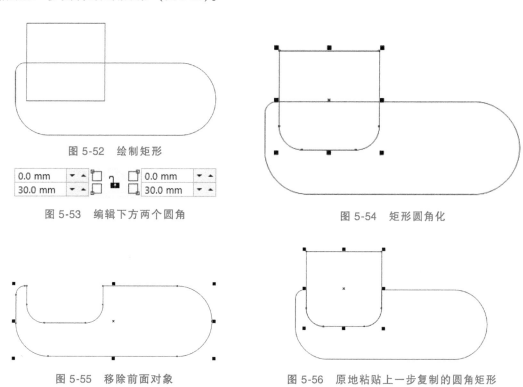

图 5-52　绘制矩形

图 5-53　编辑下方两个圆角

图 5-54　矩形圆角化

图 5-55　移除前面对象

图 5-56　原地粘贴上一步复制的圆角矩形

选择原地复制粘贴的图形，单击 将其转换成曲线，选择形状工具 ，选择上方两个节点，往下移动（图 5-57）。选择前一步移除对象获得的图形，将其转换成曲线，在曲线上双击添加节点，改变图形形状（图 5-58）。

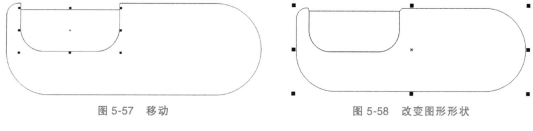

图 5-57　移动

图 5-58　改变图形形状

继续绘制一个圆角矩形（图 5-59）；选择上一步调整好形状的图形，按住【Shift】键同时选择绘制的圆角矩形，单击相交命令 ，删除上一步的圆角矩形并填充为深灰色（图 5-60）；绘制一个圆角矩形，先将其复制，向右移动合适距离粘贴一个圆角矩形，再按住【Ctrl】+【R】

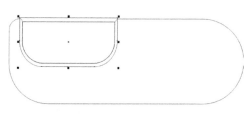

图 5-59　绘制圆角矩形

连续移动相同距离，粘贴两个圆角矩形，选择绘制好的四个圆角矩形，使用热键【Ctrl】+【G】组合对象，按住【Shift】键并选择第二步绘制的图形，按【C】键使其水平居中对齐（图 5-61）。

图 5-60　填充为深灰色

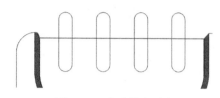

图 5-61　水平居中对齐

按住【Shift】键，选择组合后的圆角矩形和图 5-59 中绘制的图形，单击相交命令 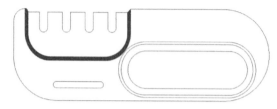，获得图形（图 5-62）先复制一个；原地粘贴之前复制好的圆角矩形，单击 将小矩形转化为曲线，在菜单工具栏中选择"将轮廓转换为对象"，将轮廓转化为图

图 5-62　获得图形

形并填充为深灰色（图 5-63）；选择形状工具调整形状，并向右移动复制三个（图 5-64），此处注意勾选查看菜单栏中的"辅助线"；使用交互式填充工具 ，斜下添加线性渐变（图 5-65）。

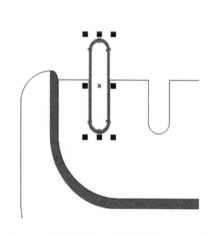

图 5-63　轮廓转化为图形并填充为深灰色

图 5-64　移动复制三个

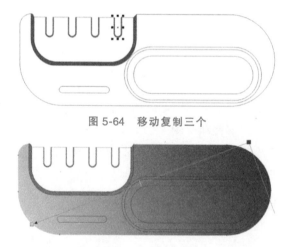

图 5-65　线性渐变

选择"文件"→"导入"，导入拉丝金属纹理图片（图 5-66）；对象菜单选择"PowerClip"→"置于图文框内部"，将纹理置入（图 5-67）；原地粘贴上一步复制的图形，填充为黑色（图 5-68）。

使用透明度工具 ，垂直方向添加透明度，完成拉丝金属装饰板绘制（图 5-69）；透明度设置参考图 5-70。选择图 5-64 所示图形，使用交互式填充工具 ，垂直方向添加线性渐变（图 5-71），线性渐变设置参考图 5-72。

图 5-66　拉丝金属纹理图片

产品设计二维表达

98

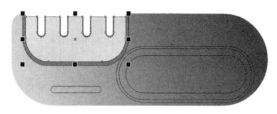

图 5-67　纹理置入

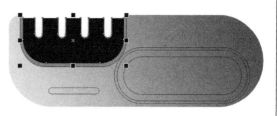

图 5-68　填充为黑色

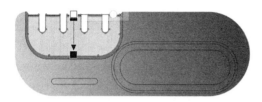

图 5-69　添加透明度

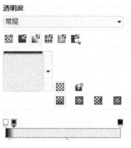

图 5-70　透明度设置参考

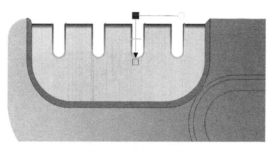

图 5-71　线性渐变

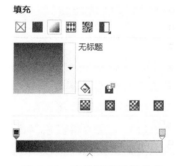

图 5-72　线性渐变设置参考

拉丝金属纹理完成效果图如图 5-73 所示。选择左下角金属铭牌线框——圆角矩形，使用交互式填充工具 ，水平方向添加线性渐变（图 5-74）；在矩形中绘制一个较小的矩形并复制，使用交互式填充工具 ，水平方向添加线性渐变（图 5-75）；选择第一次添加线性渐变的圆角矩形，转换成位图，添加高斯式模糊，做出过渡面效果（图 5-76）。

图 5-73　拉丝金属纹理完成效果图

图 5-74　线性渐变

图 5-75　线性渐变

图 5-76　过渡面效果

第五章　SketchBook 与 CorelDRAW 光影及上色表达技巧

99

原地粘贴第二个小矩形，填充为白色，转换成位图，添加高斯式模糊，做出高光效果（图5-77）；选择右侧最内侧圆角矩形填充白色（图5-78）；选择最外侧圆角矩形，使用交互式填充工具，水平方向添加线性渐变（图5-79）；选择白色填充圆角矩形，单击阴影工具，向上添加阴影，做出蓝色渐变圆角矩形立体暗面（图5-80），在阴影上右键单击拆分阴影群组。

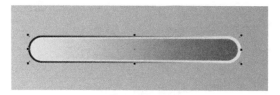

图5-77　高光效果

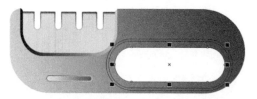

图5-78　填充为白色

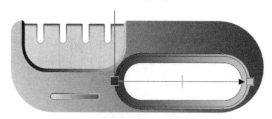

图5-79　线性渐变

图5-80　暗面效果

　　重复添加阴影和拆分阴影步骤，分别向左、右、下方做出蓝色渐变图形的暗面，完成蓝色渐变图形的立体效果绘制（图5-81、图5-82）；绘制一个圆角矩形并填充为淡蓝色（图5-83）；转换成位图，添加高斯式模糊（图5-84）；对象菜单选择"PowerClip"→"置于图文框内部"，将高斯式模糊位图置入最外层圆角矩形（图5-85）。

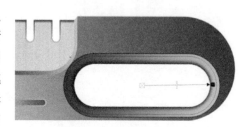

图5-81　立体效果（1）

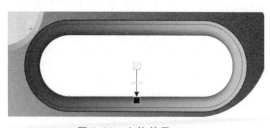

图5-82　立体效果（2）

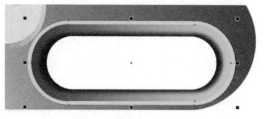

图5-83　淡蓝色圆角矩形

图5-84　高斯式模糊

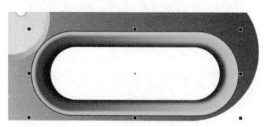

图5-85　置入最外层圆角矩形

产品设计二维表达

在蓝色渐变图形左、右两侧各绘制一个月牙形图形，使用交互式填充工具 ，添加椭圆形渐变（图 5-86）；转换成位图，添加高斯式模糊，做出高光效果（图 5-87）。

图 5-86　椭圆形渐变

图 5-87　高光效果

绘制图形（图 5-88）；将图 5-55 中绘制的图形原地复制粘贴一份，按住【Shift】键并选择绘制好的图形，单击移除前面对象 （图 5-89）。

图 5-88　绘制图形

图 5-89　移除前面对象

填充为黑色（图 5-90）；转换成位图，添加高斯式模糊，做出暗面效果（图 5-91）；对象菜单选择"PowerClip"→"置于图文框内部"，将高斯式模糊位图置入第一步绘制的图形（图 5-92）；继续绘制图形并填充为白色（图 5-93）。

图 5-90　填充为黑色

图 5-91　暗面效果

转换成位图，添加高斯式模糊，做出高光效果（图 5-94）；完成双色+多材质产品快速表达（图 5-95）。

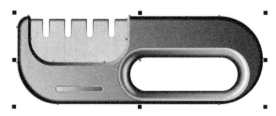

图 5-92　置入

图 5-93　填充为白色

图 5-94 高光效果

图 5-95 完成图

第三节 CorelDRAW 多色搭配产品快速表达

【学习要求】

完成 CorelDRAW 多色搭配产品快速表达，明晰多色案例的绘制步骤。

一般工业产品色彩不会太多，通常以 1 种色彩为主，2~3 种色彩为辅。

本节以图 5-96 所示电钻为实例介绍使用 CorelDRAW 快速绘制多色搭配产品的方法。

图 5-96 多色搭配产品

18.CorelDRAW
电钻

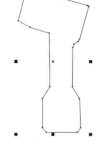

图 5-97 绘制直线线框

使用贝塞尔工具 快速绘制产品线框（图 5-97），选择形状工具 ，在需要圆角化的直角两边双击，添加节点，选择节点，单击右键并选择"到曲线" 到曲线 （图 5-98）；在直角端点处双击，先删除节点（图 5-99），然后调整节点编辑杆，调整圆角形状（图 5-100）；用相同方法，完成线框调整（图 5-101）。

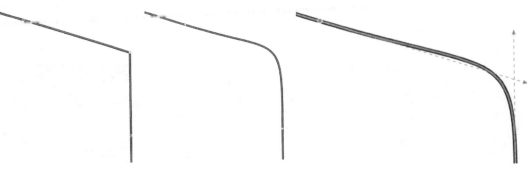

图 5-98 转成曲线　　　图 5-99 删除节点　　　图 5-100 调整圆角形状

绘制图形（图 5-102）；选择两个图形，单击"相交" ，删除图 5-102 中绘制的图形，完成产品前端图形绘制（图 5-103）。

图 5-101　完成线框调整

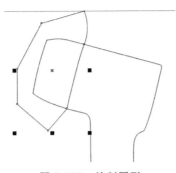

图 5-102　绘制图形

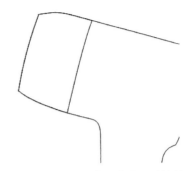

图 5-103　完成产品前端图形绘制

绘制图形（图 5-104）；选择两个图形，单击"移除后面对象" ，删除图 5-104 绘制的图形，完成产品后部图形绘制（图 5-105）；完成主体图形绘制（图 5-106）。

绘制图形（图 5-107）；保持选择状态，按住【Shift】键选择第一次绘制的图形，单击"相交" ，删除前一步绘制的图形，完成产品把手部分的线框绘制（图 5-108）；绘制矩形，解锁"同时编辑所有圆角"（图 5-109），调整上面两个圆角半径，完成圆角矩形绘制（图 5-110）。

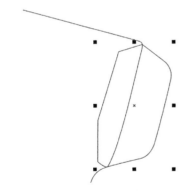

图 5-104　绘制图形

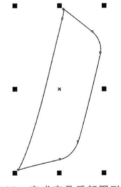

图 5-105　完成产品后部图形绘制

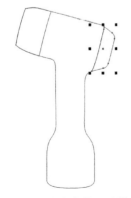

图 5-106　完成主体图形绘制

图 5-107　绘制图形

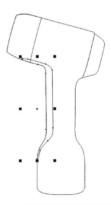

图 5-108　完成产品把手部分线框绘制

选择圆角矩形，单击"转换为曲线"

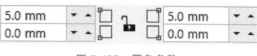

图，使用形状工具，选择圆角矩形下面两个

节点（图 5-111）。在节点上单击鼠标右键，

然后在右键菜单中选择 拆分(B)，

图 5-109　圆角参数

选择形状工具，双击向右的箭头，删除圆角矩形下边（图 5-112）得到（图 5-113）；在
对象属性栏中将轮廓数值调至合适大小（图 5-114），两端进行圆角化，在对象菜单
中选择"将轮廓转化为对象"，将曲线转化为图形（图 5-115）。

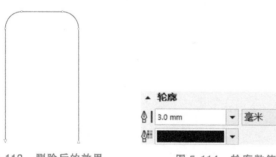

图 5-110　完成圆角矩形绘制　　图 5-111　圆角矩形下面两个节点　　图 5-112　删除圆角矩形下边

图 5-113　删除后的效果　　图 5-114　轮廓数值　　图 5-115　曲线转化为图形

左键单击颜色库⊠取消填充，右键单击黑色色块，将轮廓描边（图 5-116）；线稿完成
图如图 5-117 所示。

绘制按键图形（图 5-118）；绘制产品握手凸起造型曲线（图 5-119），在对象属性栏中

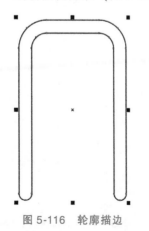

图 5-116　轮廓描边

图 5-117　线稿完成图

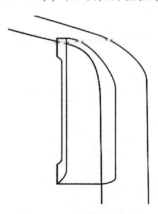

图 5-118　绘制按键图形

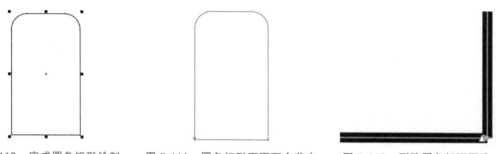

产品设计二维表达

将轮廓数值调至合适大小，两端进行圆角化 ⌐ ▬（图 5-120）；在对象菜单中选择 "将轮廓转化为对象"，将曲线转化为图形（图 5-121）。完成产品握手凸起造型曲线绘制（图 5-122）。

图 5-119　绘制产品握手凸起造型曲线　　　　图 5-120　圆角化　　　图 5-121　将曲线转化为图形

使用文字工具 字，输入 "BRAND"，调整轮廓宽度，在文字上单击右键并选择 "转换为曲线"，将文字转为曲线（图 5-123）；分区填充，产品前端为黄色，主体为灰色，后端按键为黑色色块（图 5-124）。

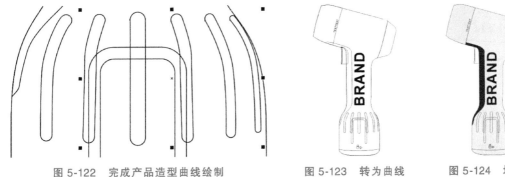

图 5-122　完成产品造型曲线绘制　　　图 5-123　转为曲线　　　图 5-124　填色

绘制下方图标（图 5-125）；完成示意图如图 5-126 所示。

图 5-125　绘制下方图标

图 5-126　完成示意图

原地复制粘贴前端黄色填充图形，取消轮廓色（图 5-127），并填充为黑色（图 5-128）；使用透明度工具 ▨，添加椭圆形透明度（图 5-129）；透明度设置参考图 5-130。

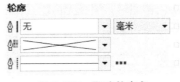

图 5-127　取消轮廓色

第五章　SketchBook 与 CorelDRAW 光影及上色表达技巧

图 5-128　填充为黑色

图 5-129　添加椭圆形透明度

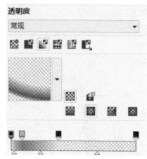

图 5-130　透明度设置参考

原地粘贴黄色填充图形，取消轮廓色，并填充为黑色，使用透明度工具，添加椭圆形透明度（图 5-131）；透明度设置参考图 5-132。

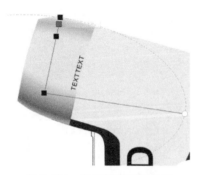

图 5-131　添加椭圆形透明度

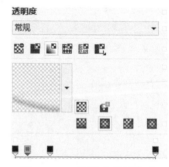

图 5-132　透明度设置参考

绘制机身。原地复制粘贴灰色机身，填充为黑色（图 5-133）；使用透明度工具，添加线性透明度（图 5-134）。

绘制图形，填充为黑色（图 5-135）；使用透明度工具，添加线性透明度（图 5-136）。

图 5-133　填充为黑色

图 5-134　线性透明度

图 5-135　填充为黑色

绘制图形，填充为白色（图 5-137）；使用透明度工具，添加线性透明度（图 5-138）。

也可以使用交互式填充工具绘制机身，步骤如下。

使用交互式填充工具，斜向添加线性渐变（图 5-139）；线性渐变设置参考图 5-140，完成效果如图 5-141 所示。

图 5-136　线性透明度

图 5-137　填充为白色

图 5-138　线性透明度

图 5-139　线性渐变

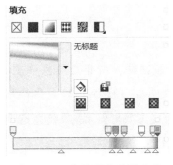

图 5-140　线性渐变设置参考

图 5-141　完成效果

使用交互式填充工具 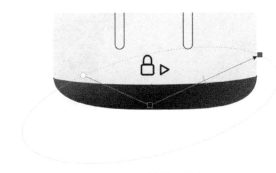，添加椭圆形渐变（图 5-142）；椭圆形渐变设置参考图 5-143。

图 5-142　椭圆形渐变

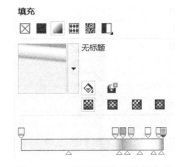

图 5-143　椭圆形渐变设置参考

绘制图形（图 5-144），选择绘制好的图形与握手图形，选择"交集" 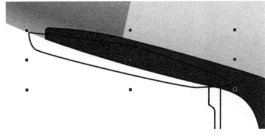，填充为白色，转换成位图，添加高斯式模糊，在其上单击右键，选择"PowerClip 内部"，置入握手线框（图 5-145）。

图 5-144　绘制图形

图 5-145　置入握手线框

使用透明度工具，添加线性透明度（图 5-146）；完成效果如图 5-147 所示。

图 5-146　添加线性透明度

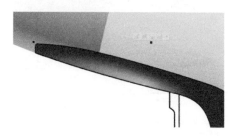

图 5-147　完成效果

绘制图形，填充为白色（图 5-148）；转换成位图，添加高斯式模糊，绘制握手高光面（图 5-149）；使用交互式填充工具，添加线性渐变（图 5-150）；原地复制粘贴，填充为黑色（图 5-151）；使用透明度工具，添加线性透明度（图 5-152）。再次粘贴，填充为白色（图 5-153）；使用透明度工具，添加线性透明度，绘制边缘亮面及暗面效果（图 5-154）。

选择边缘暗面，转换成位图，添加高斯式模糊（图 5-155）。绘制图形，填充为黑色（图 5-156），转换成位图，添加高斯式模糊（图 5-157）。

图 5-148　绘制图形，
填充为白色

图 5-149　添加高斯式模糊

图 5-150　线性渐变

图 5-151　填充为黑色

图 5-152　线性透明度

图 5-153　填充为白色

图 5-154　边缘亮面及暗面效果

产品设计二维表达

图 5-155 边缘暗面转换成位图高斯式模糊

图 5-156 填充为黑色

绘制图形，填充为黑色（图 5-158）；转换成位图，添加高斯式模糊（图 5-159）；使用透明度工具，添加线性透明度（图 5-160），在其上右键选择"PowerClip 内部"，置入线框（图 5-161）。

使用交互式填充工具，为握手防滑条图形添加线性渐变，拆分过的圆角矩形填充为黑色（图 5-162）；将上一步绘制的图形，使用阴影工具添加阴影（图 5-163）；使用交互式填充工具，添加线性渐变（图 5-164）；使用阴影工具添加阴影（图 5-165）。

图 5-157 高斯式模糊

图 5-158 填充为黑色

图 5-159 添加高斯式模糊

图 5-160 添加线性透明度

图 5-161 置入线框

图 5-162 填充为黑色

图 5-163 添加阴影

图 5-164　添加线性渐变　　　　　　　　　　　图 5-165　添加阴影

使用交互式填充工具 ，为产品右端添加线性渐变（图 5-166）；原地复制粘贴并填充为白色（图 5-167）；使用透明度工具 ▨，添加线性透明度（图 5-168）；重复上一步操作，再添加一次线性透明度（图 5-169），表现出立体效果。

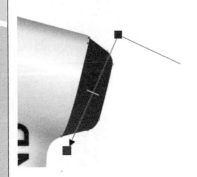

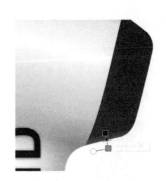

图 5-166　添加线性渐变　　　图 5-167　原地复制粘贴并填充为白色　　图 5-168　添加线性透明度（1）

绘制一个白色高光，转化成位图，添加高斯式模糊（图 5-170），并置入线框（图 5-171），完成绘制。

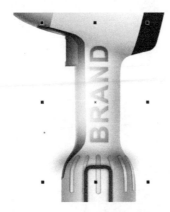

图 5-169　添加线性透明度（2）　　　图 5-170　添加高斯式模糊　　　图 5-171　置入线框

第六章

SketchBook与CorelDRAW
材质表现

 【学习目标】

掌握不同材质的表达方式。

 【学习重点】

明晰各种材质的特点，能够在绘制时考虑光影的影响。

 【学习难点】

根据光影变化准确表达不同材质。

第一节　金属材质（不锈钢）

 【学习要求】

完成金属材质（不锈钢）材质的表达，掌握该种材质的绘制特点，即高反光度、高对比度以及易受周围环境影响。

人们日常生活当中使用的产品有许多都是金属材质的，金属材质因其漂亮华美的外观、硬朗的线条、迷离的光泽、高端的质感在工业设计界受到广泛推崇和运用。金属材料反光度高，可以反射出周边环境因素，常用于装饰品、家电产品、数码产品、交通工具等的设计之中。

金属材质中较常用的是不锈钢，其具有高反光度和高对比度的特点，环境对它的影响非常大，所以在手绘不锈钢材质的时候黑白对比强，适当反射环境及环境光会让材质更具真实感，如图6-1所示。

下面介绍使用 SketchBook 表达不锈钢材质的方法。

图 6-1　不锈钢产品

一、不锈钢圆勺子凹面表达

使用铅笔工具绘制不锈钢勺子轮廓（图6-2）；使用喷枪工具绘制暗面（图6-3）；使用喷枪工具绘制反射的环境因素，用黄色绘制地面，用蓝色绘制天空，因为是凹面反射，所以反射光影地面在上，天空在下，中间用黑色绘制反射的物体（图6-4）。

图6-2　绘制轮廓

图6-3　绘制暗面

图6-4　绘制环境因素反射

二、不锈钢勺子凸面表达

绘制不锈钢勺子轮廓、暗面及天空反射光影（图6-5）；用黑色绘制反射的环境物体（图6-6）；用黄色绘制地面反射光影（图6-7）；不锈钢勺子的凹凸面反射对比如图6-8所示。

图6-5　绘制轮廓暗面

图6-6　绘制反射环境物体

图6-7　绘制地面反射光影

三、凹凸面不锈钢勺子表达

绘制不锈钢勺子轮廓及黑色环境反射（图6-9）；绘制暗面（图6-10）；加深暗面（图6-11）；绘制亮面（图6-12）；绘制高光线（图6-13）。

图6-8　凹凸面反射对比

19.SketchBook
勺子（2）

图 6-9　勺子轮廓及环境反射

图 6-10　绘制暗面

图 6-11　加深暗面

图 6-12　绘制亮面

图 6-13　绘制高光线

第二节　木材材质

【学习要求】

完成木材材质的绘制，掌握该种材质的绘制特点。

　　木材分为原木和板材两种，常见的木材材质产品如图 6-14 所示。手绘原木材质时应注意画出原木表皮的粗糙感以及木纹的纹理。首先平涂一层木材底色，然后画出木纹线条，木纹线条应先浅后深，使木材质感自然流畅。板材就是经过加工和处理过的木材，手绘表现时应注意木制的原色，并注意描绘它的厚度、裂纹和木纹等。木材材质的表达主要在于木纹纹理的表现，纹理的线条要自然，具有随机性，避免机械化重复纹理。

　　下面以木质手柄的绘制为例介绍木材材质的表现。

　　绘制木纹材质底色（图 6-15）；绘制亮面（图 6-16）；绘制木材纹理（图 6-17）；适当添加暗面（图 6-18）；绘制高光，刻画纹理立体效果，表现粗糙木纹质感（图 6-19）。

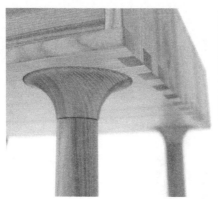

图 6-14　木材材质产品

图 6-15　绘制木纹材质底色

图 6-16　绘制亮面

图 6-17　绘制木材纹理

图 6-18　添加暗面

图 6-19　绘制高光

一个产品往往有几种材质互相搭配使用，如图 6-20 所示。

在熟悉木材与金属材质的绘制后，以美式圆刀为例，介绍材质的搭配表达方法。

图 6-20　木材与金属材质搭配

在之前绘制的木质手柄基础上绘制圆刀轮廓，并添加锐化边缘的反射暗面（图 6-21）；绘制蓝色环境反射（图 6-22）；绘制环境反射暗面（图 6-23）。

图 6-21　绘制圆刀轮廓

图 6-22　绘制蓝色环境反射

图 6-23　绘制环境反射暗面

继续绘制环境反射细节（图 6-24）；添加高光点（图 6-25）。

图 6-24　绘制环境反射细节

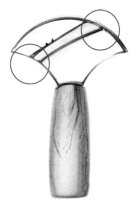

图 6-25　添加高光点

第三节　粗糙材质（石材）

【学习要求】

完成粗糙材质（石材）的绘制，掌握该种材质的绘制特点。

粗糙表面材质主要包括石材、砖材、编织物、藤制品、麻制品等，每种材质都有其独特的纹理效果，表达时要根据材料的本身性质来表现。例如，石材轮廓凹凸不整齐，在线条描绘轮廓时可以自由表现，表面的粗糙可以用"点"纹理笔刷来表现。石材制品如图 6-26 所示。

图 6-26　石材制品

下面以石质砖块为例介绍石材的表达。

绘制长方体，并用喷枪绘制不均匀暗面，体现石材的不平整光影表现（图 6-27）；继续绘制暗面（图 6-28）；绘制顶部表面光影（图 6-29）；铅笔绘制石材裂缝（图 6-30）。

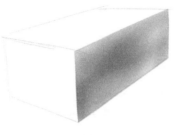

图 6-27　喷枪绘制不均匀暗面

图 6-28　继续绘制暗面

图 6-29　绘制顶部表面光影

绘制裂缝亮面（图 6-31）；用白色绘制杂点（图 6-32）；用黑色绘制杂点暗面，表现立体效果（图 6-33）；使用喷溅笔刷表现石材粗糙表面（图 6-34）。

图 6-30　绘制石材裂缝

图 6-31　绘制裂缝亮面

图 6-32　白色绘制杂点

图 6-33　黑色绘制杂点暗面

图 6-34　喷溅笔刷绘制石材粗糙表面

第四节 皮 革 材 质

　　完成皮革材质的绘制，掌握该种材质的绘制特点。

　　皮革材质在产品设计中是非常重要的一类材质，在生活中随处可见应用皮革的产品，如图6-35所示。皮革通过不同的工艺处理，可以呈现出不同的外观视觉效果。皮革表面大都光滑无反射，介于玻璃和木材之间，没有玻璃那样光亮，与木材相比又有光泽，明暗过渡比较缓慢。皮革材质在沙发和皮具中应用比较多，反光较弱甚至无反光，和亚光塑料材质的表达方式类似。

图 6-35　皮革制品

　　在表现皮革材质产品的时候，重点是抓住皮革本身的固有色、皮革纹理（通过彩铅勾勒表现出来）、皮革的缝制工艺（一般在皮革形状的边缘有缝线）。表现皮革材质明暗关系的关键在于用高光笔点缀亮面，皮革的暗面要暗下去，亮面要亮起来，才能表达出皮革的材质效果。这一点与不锈钢的表达类似，两者的区别在于皮革的灰面需要过渡得自然一些。

　　下面以带粗糙纹理的皮革工具套为实例介绍皮革材质的绘制。

　　使用铅笔工具绘制线稿（图6-36）；使用喷枪工具绘制底色（图6-37）；绘制手柄纹理（图6-38）；绘制皮革荔枝纹并添加缝纫线（图6-39）。

图 6-36　绘制线稿

图 6-37　喷枪绘制底色

图 6-38　绘制手柄纹理

图 6-39　绘制皮革荔枝纹并添加缝纫线

第五节 透 明 材 质

　　完成透明材质的绘制，掌握该种材质的绘制特点。

无色透明材质包括玻璃、冰、水晶等，其中玻璃最为常见，在日常生活中的玻璃制品主要有瓶子、杯子等，如图 6-40 所示。在进行透明材质的产品材质表现时，主要是通过物体轮廓与光影变化表现不同的亮度，可直接借助环境底色，画出产品的形状和厚度，注意描绘出物体内部的透明线和零部件，以表现出透明的特点。透映的物体要以概括、抽象的手法表现，可选用冷灰色调进行简略概括。对于半透明材质，可以通过将固有色作为底色，借助高光处表现亮度和透明度。要确定材料的主要色调，准确地把握材料表现的光泽，把握好材料的光源色及环境色变化。

图 6-40 典型透明材质

TIPS 透明材质产品内部的上色一定要比外部的上色淡。

下面以透明音箱产品为实例介绍如何使用 SketchBook 进行透明材质的快速表达。

绘制线稿（图 6-41）；绘制底座曲面光影效果（图 6-42）；绘制透明外壳内部底色（图 6-43）。

20.SketchBook
透明音箱

图 6-41 绘制线稿　　　图 6-42 绘制底座曲面光影效果　　图 6-43 绘制透明外壳内部底色

绘制透明外壳内部暗面（图 6-44）；绘制音箱倒相孔高光边缘（图 6-45）；绘制音箱倒相孔底座（图 6-46）。

图 6-44 绘制透明外壳内部暗面　　图 6-45 绘制音箱倒相孔高光边缘　　图 6-46 绘制音箱倒相孔底座

完善音箱倒相孔底座光影效果（图 6-47）；绘制倒相孔底色和亮面（图 6-48）；绘制音箱背部亮面（图 6-49）。

绘制音箱底座白色并添加暗面（图 6-50）；绘制音箱正面暗面（图 6-51）。

图 6-47　绘制音箱倒相孔底座光影效果　图 6-48　绘制倒相孔底色和亮面　图 6-49　绘制音箱背部亮面

　　绘制倒相孔边缘暗面（图 6-52）；绘制倒相孔中部亮面（图 6-53）；添加黄色环境光影效果（图 6-54）。

图 6-50　绘制音箱底座白色并添加暗面　图 6-51　绘制音箱正面暗面　图 6-52　绘制倒相孔边缘暗面

　　添加蓝色环境光影效果（图 6-55）；绘制倒相孔顶部暗面（图 6-56）。

图 6-53　绘制倒相孔中部亮面　图 6-54　添加黄色环境光影效果　图 6-55　添加蓝色环境光影效果

　　绘制倒相孔顶部亮面（图 6-57）；绘制音箱高光面（图 6-58）；绘制音箱底脚（图 6-59）。

图 6-56　绘制倒相孔顶部暗面　图 6-57　绘制倒相孔顶部亮面　图 6-58　绘制音箱高光面　图 6-59　绘制音箱底脚

第六章　SketchBook 与 CorelDRAW 材质表现

第六节　塑料材质

【学习要求】

完成塑料材质的绘制，掌握该种材质的绘制特点。

塑料材质表面均匀，对比度小，反光不强烈，高光柔和、圆润，是日常用品和数码产品常用的材质，如图 6-60 所示。塑料材质分很多种，有亚光材质、强反光材质和透明材质等。反光强的塑料材质要跟金属材质区分开，一般情况下，塑料材质的反射光没有金属材质的反射那么强烈，同时塑料是有固有颜色的。塑料材质的表达比较简单，板刷画笔涂满即可，最后用白色画笔提亮亮部，用黑色彩画笔加重下暗部及转折部位，注意不要对比太强。

图 6-60　塑料材质产品

下面以电动工具为实例介绍如何使用 SketchBook 进行塑料材质的快速表达。

绘制线稿（图 6-61）；绘制暗面（图 6-62）；绘制蓝色部件（图 6-63）。

绘制蓝色部件暗面（图 6-64）；绘制蓝色部件亮面（图 6-65）；添加高光边缘（图 6-66）。

21.SketchBook
电钻

图 6-61　绘制线稿

图 6-62　绘制暗面

图 6-63　绘制蓝色部件

图 6-64　绘制蓝色部件暗面

图 6-65　绘制蓝色部件亮面

图 6-66　添加高光边缘

产品设计二维表达

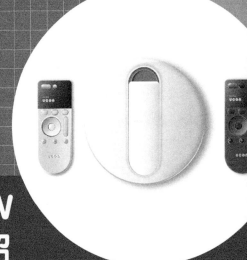

第七章

SketchBook与CorelDRAW
产品效果图表达案例介绍

📝》【学习目标】

1）完成相应的案例绘制。

2）初步掌握绘制深入二维效果的方法。

📝》【学习重点】

1）相关软件命令的配合使用。

2）细节的刻画。

📝》【学习难点】

1）CorelDRAW 线框绘制及图层顺序。

2）SketchBook 喷枪工具的运用。

第一节　数码产品——遥控器

📝》【学习要求】

完成 CorelDRAW 线稿绘制，提升使用绘图工具的熟练度；完成案例的填色，提升使用交互式填充工具的熟练度；完成案例学习。

下面以遥控器为实例介绍如何使用
CorelDRAW 绘制产品效果图（图 7-1）。

一、CorelDRAW 线稿绘制

使用椭圆形工具 ◯，按住【Ctrl】
键绘制一个正圆（图 7-2），直径设置为

22.CorelDRAW
遥控器

图 7-1　数码产品——遥控器

200mm，先原地复制一个，然后向右移动复制粘贴一个圆（图7-3）；将粘贴的圆缩小，直径设置为190mm；选择这两个圆，单击"移除前面对象" 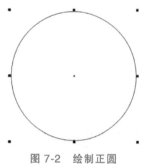，将第一个正圆粘贴，得到图形（图7-4）。

图7-2　绘制正圆　　　　图7-3　向右移动复制粘贴正圆　　　　图7-4　布尔运算

使用钢笔工具 绘制高光图形（图7-5）；使用矩形工具 □ 绘制矩形，宽55mm，高122mm（图7-6）。

使用椭圆形工具 ○，分别捕捉矩形上、下两条边中点为圆心（图7-7），按【Shift】+【Ctrl】键绘制两个正圆（图7-8）。

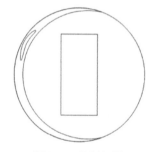
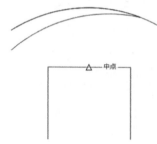

图7-5　绘制高光图形　　　　图7-6　绘制矩形　　　　图7-7　捕捉中点

选择矩形和两个正圆（图7-9），单击焊接命令 ![焊接]，合并成一个图形（图7-10）。

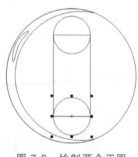
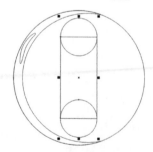

图7-8　绘制两个正圆　　　　图7-9　选择线框　　　　图7-10　焊接合并图形

使用矩形工具 □ 绘制矩形，宽54mm，高117mm，解锁"同时编辑所有圆角"，将矩形上边的两个角修改为半径为3mm的圆角，下边两个直角不变（图7-11）。

使用椭圆形工具 ○，捕捉矩形下边中心为圆心，按【Shift】+【Ctrl】键绘制一个正圆

产品设计二维表达

（图 7-12）。同时选择正圆和圆角矩形，单击焊接命令，将两个图形合并（图 7-13）。

图 7-11　绘制矩形

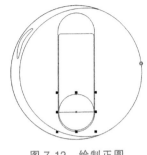
图 7-12　绘制正圆

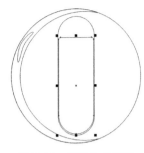
图 7-13　焊接合并图形

使用矩形工具□绘制矩形，宽 56mm，高 45mm，解锁"同时编辑所有圆角"，将矩形上边的两个角修改为半径为 3mm 的圆角，下边两个直角不变（图 7-14）；使用矩形工具□绘制矩形，宽 56mm，高 74mm（图 7-15）；使用椭圆形工具○，捕捉矩形下边中心为圆心，按【Shift】+【Ctrl】键绘制一个正圆（图 7-16）。同时选择正圆和上一步绘制的矩形，单击焊接命令，将两个图形合并（图 7-17）。选择合并后的图形和上一步的矩形，先复制一份，然后单击焊接命令，将这两个图形合并（图 7-18），最后粘贴（图 7-19）。

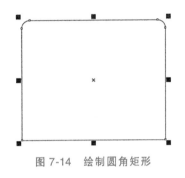
图 7-14　绘制圆角矩形

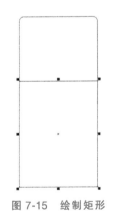
图 7-15　绘制矩形

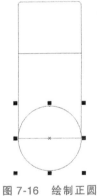
图 7-16　绘制正圆

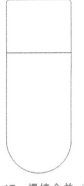
图 7-17　焊接合并（1）

图 7-18　焊接合并（2）

绘制矩形和两个正圆（图 7-20），单击焊接命令，合并图形（图 7-21）；完成遥控器细节绘制（图 7-22）。

完成线稿绘制（图 7-23）。

二、CorelDRAW 填色

使用交互式填充工具，斜向添加线性渐变（图 7-24）；渐变设置参考见图 7-25；颜色节点参考见图 7-26。

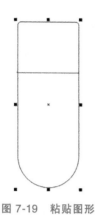

图 7-19　粘贴图形

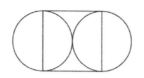

图 7-20　绘制矩形和两个正圆

图 7-21　焊接合并图形

图 7-22　细节绘制

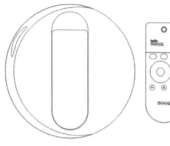

图 7-23　完成线稿绘制

图 7-24　斜向添加线性渐变

图 7-25　渐变设置参考

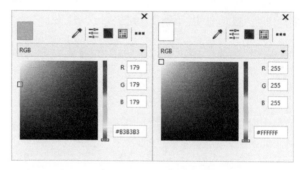

图 7-26　颜色节点参考

TIPS　使用 CorelDRAW 绘制二维表达图时应注意图层顺序，可在需要调整顺序的图形上单击右键，弹出顺序调整菜单（图 7-27）；将上一步线性渐变的图形调整到图层后面（图 7-28）。

选择图形，填充为白色（图 7-29）；使用透明度工具 ▨，斜向添加透明度（图 7-30）。

图 7-27　顺序调整菜单

图 7-28　调整图层

图 7-29　填充为白色

产品设计二维表达

将此图形转换成位图，添加高斯式模糊（图 7-31）；选择大圆，使用阴影工具  添加阴影（图 7-32）。

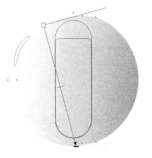

图 7-30　斜向添加透明度

图 7-31　添加高斯式模糊

图 7-32　添加阴影

做两次移动并复制粘贴大圆（图 7-33），移除前面对象 （图 7-34、图 7-35）。

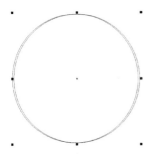

图 7-33　移动并复制粘贴大圆

图 7-34　移除前面对象（1）

图 7-35　移除前面对象（2）

绘制高光图形（图 7-36）；使用交互式填充工具 ，添加斜向线性渐变（图 7-37），将渐变图形转为位图，添加高斯式模糊，完成暗面和亮面绘制（图 7-38）。

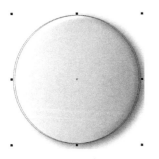

图 7-36　绘制高光图形

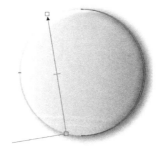

图 7-37　添加斜向线性渐变

图 7-38　添加高斯式模糊

遥控器绘制分解：从左往右依次绘制（图 7-39）。

按顺序依次完成底座及遥控器的绘制。填充灰色，转换成位图后，进行高斯式模糊，绘制最底层（图 7-40）；使用交互式填充工具 ，垂直方向添加线性渐变（图 7-41）；缩小

图 7-39　遥控器绘制分解

并复制粘贴，添加线性渐变（图7-42）；继续缩小并复制粘贴，添加线性渐变，转换成位图，进行高斯式模糊（图7-43），如果高斯式模糊超过底座遥控器线框，可在对象菜单中选择"PowerClip"→"置入图文框内部"，进行位图精确裁剪。

图7-40　高斯式模糊

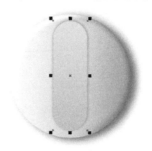
图7-41　添加线性渐变（1）

图7-42　添加线性渐变（2）

缩小并复制粘贴，添加线性渐变（图7-44）；缩小并复制粘贴，填充为黑色（图7-45），水平添加透明度，做出阴影效果（图7-46）。

图7-43　高斯式模糊

图7-44　添加线性渐变

图7-45　填充为黑色

使用交互式填充工具，水平方向添加线性渐变（图7-47）；节点位置和渐变设置如图7-48、图7-49所示。

图7-46　添加透明度

图7-47　线性渐变

图7-48　节点位置

原地复制粘贴，并填充为白色（图7-50），添加透明度（图7-51、图7-52），图7-51只是示意添加透明度后的效果；透明度设置参考图7-53；遥控器底座绘制完成（图7-54）。

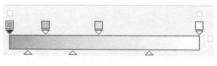
图7-49　渐变设置

使用交互式填充工具，下半部分水平方向添加线性渐变（图7-55）；上半部分斜向添加线性渐变（图7-56）。

图 7-50 填充为白色

图 7-51 添加透明度

图 7-52 透明度方向参考

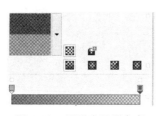

图 7-53 透明度设置参考

图 7-54 遥控器底座绘制完成

图 7-55 水平方向添加线性渐变

将下半部分复制粘贴一份，填充为白色（图 7-57），使用透明度工具  增强下半部分的立体效果（图 7-58）。鼠标左键按住下半部分图形向右移动，在适当位置单击右键，再释放左键进行移动复制（图 7-59），选择这两个图形，单击"移除前面对象"进行修剪。使用交互式填充工具 添加线性渐变效果（图 7-60），使用透明度工具 添加渐变透明，做出边缘立体效果（图 7-61）。

图 7-56 斜向添加线性渐变

图 7-57 填充为白色

图 7-58 添加透明度

复制粘贴上半部分，并将其以 99% 的比例缩小（图 7-62）；使用交互式填充工具 添加线性渐变效果（图 7-63），上、下两个大小略有差异的渐变效果实现边缘立体效果（图 7-64）。

复制粘贴上一步的图形，并填充为黑色（图 7-65）；使用透明度工具 增强立体效果（图 7-66）。

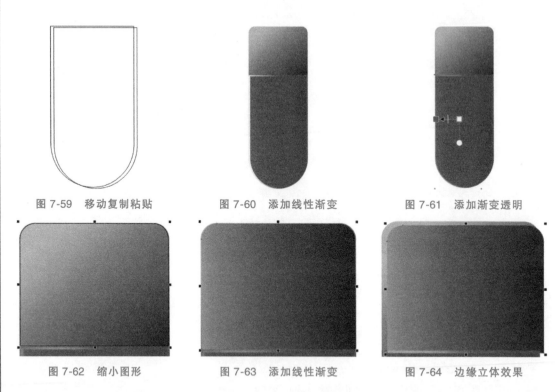

图 7-59　移动复制粘贴　　　　　图 7-60　添加线性渐变　　　　　图 7-61　添加渐变透明

图 7-62　缩小图形　　　　　图 7-63　添加线性渐变　　　　　图 7-64　边缘立体效果

向下移动，复制粘贴上一步的图形，移除前面对象，并稍微缩小（图 7-67）。使用交互式填充工具做出边缘立体效果（图 7-68）。

图 7-65　填充为黑色　　　　　图 7-66　添加透明度　　　　　图 7-67　移动复制并缩小

最后在左上角做出白色反光效果（图 7-69）；将绘制好的图形全部选中，使用热键【Ctrl】+【G】进行组合。选择组合后的对象，使用阴影工具做出添加阴影效果（图 7-70）。

图 7-68　添加线性渐变　　　　　图 7-69　绘制白色反光效果　　　　　图 7-70　添加阴影

按键绘制的分解图如图 7-71 所示。

使用交互式填充工具 ，水平方向添加线性渐变（图 7-72）；将图形转换成位图，添加高斯式模糊（图 7-73）；绘制一个略小的圆角矩形（图 7-74），填充为黑色（图 7-75）。

图 7-71　按键绘制分解

图 7-72　添加线性渐变

图 7-73　添加高斯式模糊

使用透明度工具 ▨，添加线性透明度（图 7-76）；绘制圆角矩形，使用交互式填充工具 ◈，斜向添加线性渐变（图 7-77）；绘制高光效果（图 7-78）。

图 7-74　绘制圆角矩形

图 7-75　填充为黑色

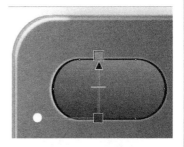

图 7-76　添加线性透明度

原地复制粘贴图形，将其轮廓设置为白色（图 7-79）；向右下移动，复制粘贴图形，并适当缩小（图 7-80）；移除前面对象 ▤，得到边缘高光效果所需的形状，选择该图形（图 7-81），在对象轮廓属性中将角转折设置为圆角并填充为白色（图 7-82），右键单击色板 ⊠，取消轮廓描边（图 7-83），使用透明度工具 ▨，添加线性透明度（图 7-84）。

图 7-77　斜向添加线性渐变

图 7-78　绘制高光

图 7-79　轮廓设置为白色

选择绘制好的图形，将其转换为位图并添加高斯式模糊（图 7-85）。

绘制一个圆并填充为黑色（图 7-86）；绘制一个圆，添加线性渐变（图 7-87）；再绘制一个圆填充为黑色（图 7-88）；使用透明度工具 ▨ 添加线性透明度（图 7-89）。

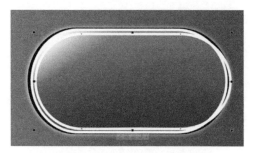

图 7-80　移动复制并适当缩小图形

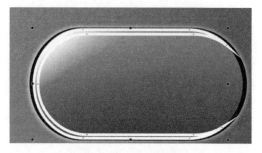

图 7-81　选择图形

图 7-82　填充为白色

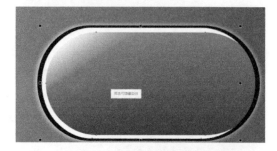

图 7-83　取消轮廓描边

图 7-84　添加线性透明度

图 7-85　添加高斯式模糊

图 7-86　绘制圆并填充为黑色

图 7-87　添加线性渐变

图 7-88　绘制圆并填充为黑色

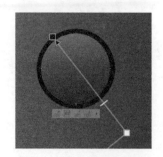

图 7-89　添加线性透明度

产品设计二维表达

用与上一步相同的方法做出边缘高光效果（图 7-90）。选择第一步中的黑色填充圆形，使用阴影工具 ，做出按键与机身的过渡效果（图 7-91），也可在上方属性工具栏中调整阴影颜色。

完成图如图 7-92 所示。

使用交互式填充工具 ◇，斜向添加线性渐变（图 7-93）。使用阴影工具 ▢，水平方向添加阴影（图 7-94）。

图 7-90　绘制边缘高光

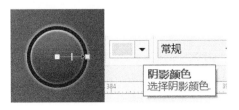

图 7-91　添加阴影

图 7-92　完成图

图 7-93　添加线性渐变

图 7-94　添加阴影

使用交互式填充工具 ◇，垂直方向添加线性渐变（图 7-95）。使用阴影工具 ▢，垂直方向添加阴影（图 7-96）。

图 7-95　添加线性渐变

图 7-96　添加阴影

按之前的方法绘制下面的三个按键（图 7-97）。

选择圆形，填充为灰色（图 7-98）；将图形转换成位图，添加高斯式模糊（图 7-99）；选择圆形，填充为黑色（图 7-100）；将图形转换成位图，添加高斯式模糊（图 7-101）。

图 7-97　完成三个按键绘制

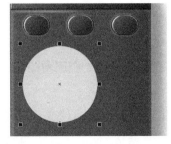

图 7-98　填充灰色

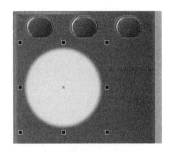

图 7-99　转换位图并添加高斯式模糊

选择圆形，使用交互式填充工具 ，斜向添加线性渐变（图7-102）。

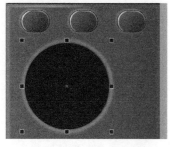

图7-100　填充为黑色　　　图7-101　转换位图并添加高斯式模糊　　图7-102　斜向添加线性渐变

选择圆形，填充为白色（图7-103）；使用透明度工具 ，添加一个线性透明度（图7-104）；将图形转换成位图，添加高斯式模糊（图7-105）；绘制小圆，填充为浅灰色，将图形转换成位图，添加高斯式模糊（图7-106）。

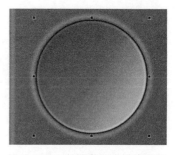

图7-103　填充为白色　　　　图7-104　添加线性透明度　　　图7-105　大圆高斯式模糊效果

绘制圆形，填充为黑色（图7-107），将图形转换成位图，添加高斯式模糊（图7-108）。

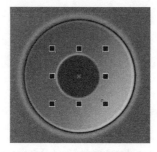

图7-106　小圆高斯式模糊效果　　　图7-107　填充为黑色　　　图7-108　转换位图并添加高斯式模糊

绘制圆形，使用交互式填充工具 ，斜向添加线性渐变（图7-109）；绘制高光边缘（图7-110）。

绘制圆角矩形，填充为白色（图7-111）；绘制圆角矩形，使用交互式填充工具 ，斜向添加线性渐变（图7-112）。

复制粘贴图形，填充90%黑（图7-113）。使用透明度工具 ，添加线性透明度（图7-114），在透明度渐变轴上双击即可添加透明度调节色。再粘贴图形，使用透明度工具 ，添加线性透明

产品设计二维表达

度（图7-115）。

图7-109 斜向添加线性渐变

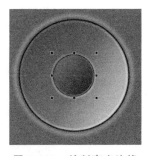
图7-110 绘制高光边缘

图7-111 填充为白色

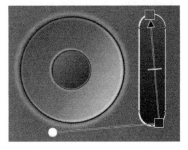
图7-112 斜向添加线性渐变

图7-113 填充90%黑

图7-114 添加线性透明度（1）

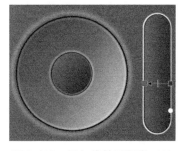
图7-115 添加线性透明度（2）

　　继续粘贴之前复制过的图形，填充90%黑（图7-116）。使用透明度工具 ，斜向添加线性透明度（图7-117）。

　　绘制左侧高光，将其转换为位图，添加高斯式模糊（图7-118）；绘制右侧高光，将其转换为位图，添加高斯式模糊（图7-119）。黑色遥控器完成图如图7-120所示。可按绘制黑色遥控器的方法，自行绘制一个白色遥控器（图7-121），白色遥控器的绘制参考图7-122。

图7-116 填充90%黑

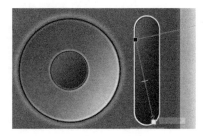
图7-117 斜向添加线性透明度

图 7-118　绘制左侧高光　图 7-119　绘制右侧高光　图 7-120　黑色遥控器　图 7-121　白色遥控器
　　　　　　　　　　　　　　　　　　　　　　　　　　　　　完成图　　　　　　　　　　完成图

图 7-122　白色遥控器绘制分解图

第二节　SketchBook 厚涂法绘制摩托车

【学习要求】

　　提高 SketchBook 线稿绘制及上色的熟练度；通过实例学习从整体到局部再到细节的刻画要点；完成效果图绘制。

　　本节以图 7-123 所示的摩托车二维表达图为实例进行讲解。

23.SketchBook
摩托车（1）

图 7-123　摩托车二维表达图

一、SketchBook 线稿绘制

使用铅笔工具 ![铅笔]，绘制摩托车线稿（图 7-124）；使用喷枪工具 ![喷枪]，颜色设置为黑色，绘制摩托车阴影（图 7-125）。

![TIPS] 使用 SketchBook 绘制效果图时，可先绘制阴影，因为阴影本身就处在物体最下层，所以可最先绘制。

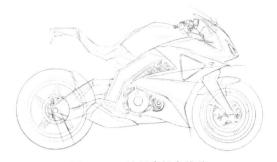

图 7-124　绘制摩托车线稿

图 7-125　绘制摩托车阴影

二、摩托车风挡绘制

风挡绘制可以归类于透明玻璃材质表达。使用喷枪工具 ![喷枪]，颜色设置为黑色，先绘制风挡暗面转折（图 7-126），再绘制风挡边缘暗面效果（图 7-127），使用硬边橡皮擦工具 ![硬边橡皮擦] 擦出风挡暗面转折边缘效果。

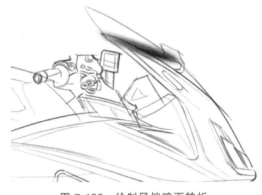

图 7-126　绘制风挡暗面转折

图 7-127　继续绘制风挡边缘暗面

使用喷枪工具 ![喷枪]，颜色设置为黑色，配合硬边橡皮擦工具 ![硬边橡皮擦]，绘制透明风挡边缘暗面效果（图 7-128）；继续使用喷枪工具 ![喷枪] 绘制风挡暗面（图 7-129）。

使用板刷工具 ![板刷]，选取灰色，厚涂绘制反光镜（图 7-130）；使用铅笔工具 ![铅笔] 绘制反光镜高光边缘（图 7-131）。

使用板刷工具 ![板刷]，选取黑色，厚涂绘制车头把手（图 7-132）；使用板刷工具 ![板刷]，选取灰色，绘制车头把手亮面（图 7-133）。

图 7-128　绘制风挡边缘暗面

图 7-129　绘制风挡暗面

图 7-130　厚涂绘制反光镜

图 7-131　绘制反光镜高光边缘

图 7-132　厚涂绘制车头把手

图 7-133　绘制车头把手亮面

继续使用板刷工具 ，选取灰色，厚涂车头下半部分（图 7-134）；选取黑色，绘制出下半部分暗面（图 7-135）。

图 7-134　厚涂车头下半部分

图 7-135　绘制下半部分暗面

三、前车轮绘制

使用板刷工具，选取灰色和黑色，厚涂绘制轮毂轮辐（图7-136）；使用板刷工具，选取白色，绘制高光面（图7-137）。

使用板刷工具，单击椭圆模板◎，选取灰色，厚涂绘制轮毂圈（图7-138）；选取黑色，厚涂绘制轮毂圈暗面（图7-139）。

图 7-136　厚涂绘制轮毂轮辐　　　　图 7-137　绘制高光面　　　　图 7-138　厚涂绘制轮毂圈

使用板刷工具，单击椭圆模板◎，选取红色，厚涂绘制轮毂圈（图7-140）；选取黑色，使用喷枪工具绘制轮胎暗面；使用板刷工具，选取灰色，厚涂绘制制动盘（图7-141）。

图 7-139　厚涂绘制轮毂圈暗面　　图 7-140　厚涂绘制轮毂圈　　图 7-141　绘制暗面，厚涂绘制制动盘

使用喷枪工具绘制制动盘亮面和暗面（图7-142）；使用板刷工具，绘制灰色制动盘孔洞细节（图7-143）。

使用板刷工具，选取白色，绘制制动盘孔洞高光（图7-144）；选取深灰色，绘制深

图 7-142　绘制制动盘亮面和暗面　图 7-143　绘制灰色制动盘孔洞细节　图 7-144　绘制制动盘孔洞高光

灰色制动盘部件（图 7-145）；选取灰色，绘制灰色轮毂（图 7-146）；使用喷枪工具，选取黑色，绘制暗面（图 7-147）。

图 7-145　绘制深灰色制动盘部件　　　图 7-146　绘制灰色轮毂　　　图 7-147　绘制暗面

使用板刷工具，绘制灰色轮胎（图 7-148）；使用喷枪工具，选取黑色，绘制暗面（图 7-149）；选取白色，绘制亮面（图 7-150）。

图 7-148　绘制灰色轮胎　　　图 7-149　绘制暗面　　　图 7-150　绘制亮面

完善前轮制动组件的绘制并添加高光（图 7-151、图 7-152）。

图 7-151　厚涂制动组件　　　图 7-152　添加高光

四、后车轮绘制

使用板刷工具，单击椭圆模板，选取灰色，厚涂绘制轮毂内圈（图 7-153）；使用喷枪工具，选取白色，绘制亮面（图 7-154）；选取黑色，绘制暗面（图 7-155）；使用板刷工具，单击椭圆模板，选取灰色，厚涂绘制轮毂外侧（图 7-156）。

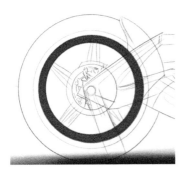

图 7-153　厚涂绘制轮毂内圈

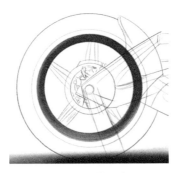

图 7-154　绘制亮面

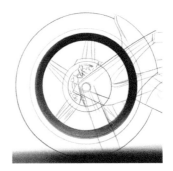

图 7-155　绘制暗面

使用喷枪工具，选取黑色，配合橡皮擦工具绘制暗面（图 7-157）；使用喷枪工具，选取白色，配合橡皮擦工具绘制亮面（图 7-158）；使用喷枪工具，选取黑色，配合橡皮擦工具绘制暗面（图 7-159）；使用板刷工具，单击椭圆模板，选取灰色，厚涂绘制轮胎和轮毂轮辐（图 7-160）。

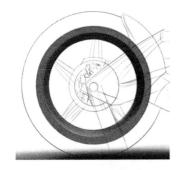

图 7-156　厚涂绘制轮毂外侧

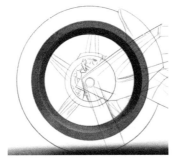

图 7-157　绘制暗面

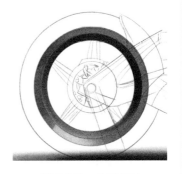

图 7-158　绘制亮面

使用板刷工具，选取白色绘制高光面（图 7-161）。

使用喷枪工具，选取黑色，配合橡皮擦工具绘制暗面（图 7-162）；选取白色，配合橡皮擦工具绘制亮面（图 7-163、图 7-164）；使用板刷工具，选取黑色，厚涂绘制轮胎与轮毂结合处暗面（图 7-165）。

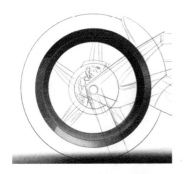

图 7-159　绘制暗面

图 7-160　厚涂绘制轮胎和轮毂轮辐

图 7-161　绘制高光面

图 7-162　绘制暗面

图 7-163　绘制亮面

图 7-164　添加高反光细节

图 7-165　绘制暗面

使用板刷工具🖌️，单击椭圆模板⬡，选取红色，厚涂绘制轮毂圈（图 7-166）；使用板刷工具🖌️，绘制制动盘（图 7-167）；使用喷枪工具，选取黑色，绘制制动盘散热孔，配合橡皮擦工具绘制暗面（图 7-168）；散热孔边缘添加高光，绘制出立体效果（图 7-169）。

图 7-166　厚涂绘制轮毂圈，添加色彩

图 7-167　绘制制动盘

图 7-168　绘制暗面，绘制制动盘散热孔

图 7-169　添加散热孔边缘高光

五、发动机及车身支架绘制

使用板刷工具 ，选取黑色，绘制支架底色（图 7-170、图 7-171）。

图 7-170　厚涂底色（1）

图 7-171　厚涂底色（2）

添加高光，绘制发动机及零件细节（图 7-172）；厚涂发动机底色（图 7-173）。

图 7-172　添加高光

图 7-173　厚涂发动机底色

使用喷枪工具 ，分别选取白色和黑色，配合橡皮擦工具绘制亮面和暗面（图 7-174）；使用喷枪工具 ，选取黑色，绘制发动机细节（图 7-175）。

图 7-174　绘制亮面和暗面

图 7-175　绘制发动机细节

使用喷枪工具![icon]，选取白色，绘制高光面（图 7-176）；继续添加高光及各造型曲面转折暗面，完善细节（图 7-177）。

图 7-176　绘制高光面　　　　　　　　　　　　　　图 7-177　完善细节

使用板刷工具![icon]，选取灰色，厚涂车架、摇臂、车座（图 7-178）；选取黑色，厚涂整流罩底面（图 7-179）。

图 7-178　厚涂灰色底面　　　　　　　　　　　　　　图 7-179　厚涂整流罩底面

使用喷枪工具![icon]，选取白色，绘制亮面（图 7-180）。

使用喷枪工具![icon]，分别选取白色和黑色，绘制红色车架的亮面和暗面（图 7-181）；绘制车架高光面（图 7-182）。

图 7-180　绘制亮面　　　　图 7-181　车架亮面和暗面　　　　图 7-182　绘制车架高光面

使用喷枪工具![icon]，分别选取白色和黑色，绘制车尾亮面和暗面（图 7-183）；绘制车尾高光面（图 7-184）。

继续绘制车尾细节（图 7-185）。

图 7-183　车尾亮面和暗面

图 7-184　车尾高光面

图 7-185　车尾细节

使用板刷工具，选取灰色，厚涂后摇臂、后挡泥板（图 7-186）。

使用板刷工具，选取红色，厚涂减振弹簧（图 7-187）；使用喷枪工具，绘制弹簧明暗面（图 7-188）。

图 7-186　厚涂后摇臂、后挡泥板

图 7-187　厚涂减振弹簧

图 7-188　绘制弹簧明暗面

使用喷枪工具，绘制后挡泥板暗面（图 7-189）；绘制后挡泥板亮面（图 7-190）。

使用喷枪工具，绘制后挡泥板高光（图 7-191）。

图 7-189　绘制后挡泥板暗面

图 7-190　绘制后挡泥板亮面

图 7-191　绘制后挡泥板高光

使用板刷工具，选取黑色，厚涂车座（图 7-192）；使用喷枪工具，绘制车座亮面（图 7-193）；绘制车座高光（图 7-194）。

图 7-192　厚涂车座

图 7-193　绘制车座亮面

图 7-194　绘制车座高光

使用喷枪工具，绘制支架亮面（图 7-195）。

使用喷枪工具，绘制前轮支架亮面（图 7-196）；绘制支架曲面细节（图 7-197）。

图 7-195　绘制支架亮面　　　　图 7-196　绘制两轮支架亮面　　　　图 7-197　绘制支架曲面细节

使用喷枪工具，绘制后摇臂暗面（图 7-198）；绘制后摇臂亮面（图 7-199）；添加高光（图 7-200）。

图 7-198　绘制后摇臂暗面　　　　图 7-199　绘制后摇臂亮面　　　　图 7-200　添加高光

使用喷枪工具，绘制后摇臂轴承孔（图 7-201、图 7-202）。

图 7-201　绘制后摇臂轴承孔（1）　　　　　　图 7-202　绘制后摇臂轴承孔（2）

使用板刷工具，选取金黄色，厚涂排气管（图 7-203）；使用喷枪工具，选取黑色，绘制暗面（图 7-204）；选取白色，绘制亮面（图 7-205）。

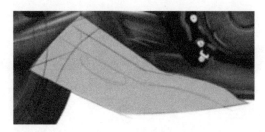

图 7-203　厚涂排气管　　　　　　　　　图 7-204　绘制暗面

使用喷枪工具，绘制高光（图7-206）；使用铅笔工具，选取白色，绘制高光线（图7-207），添加曲面的环境反射效果。

图 7-205　绘制亮面

图 7-206　绘制高光

使用板刷工具，选取红色，厚涂油箱（图7-208）；使用喷枪工具，选取黑色，绘制暗面（图7-209），新建图层，用喷枪工具绘制暗面，并用橡皮擦工具擦出曲面形状转折（图7-210）；继续新建图层，用喷枪工具绘制暗面，并用橡皮擦工具擦出曲面形状转折（图7-211）；使用喷枪工具绘制亮面并添加高光（图7-212）。

图 7-207　绘制环境高光线

图 7-208　厚涂油箱底色

图 7-209　绘制暗面

图 7-210　绘制暗面转折（1）

图 7-211　绘制暗面转折（2）

图 7-212　添加高光

使用板刷工具，选取灰色和黑色，厚涂下挡板（图7-213、图7-214）。

图 7-213　厚涂下挡板（1）

图 7-214　厚涂下挡板（2）

24.SketchBook
摩托车(2)

使用喷枪工具绘制亮面（图7-215）；绘制曲面边缘反射高光面（图7-216）。

图 7-215　绘制亮面

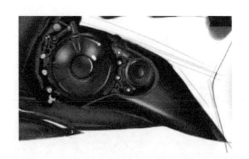
图 7-216　绘制曲面边缘反射高光面

使用板刷工具，选取红色，厚涂车头整流罩（图7-217）；使用喷枪工具，选取黑色，绘制暗面（图7-218）；使用喷枪工具，选取白色，绘制亮面及高光线（图7-219）。

图 7-217　厚涂车头整流罩

图 7-218　绘制暗面

图 7-219　绘制亮面及高光线

使用板刷工具，选取红色，厚涂车身整流罩及前轮挡泥板（图7-220）；厚涂 LOGO（图7-221）；使用喷枪工具，选取黑色，绘制暗面（图7-222）；选取白色，绘制亮面及高光线（图7-223）。

使用板刷工具厚涂车灯及转向灯（图7-224）；使用喷枪工具绘制车灯亮面（图7-225）。完成效果图如图7-226所示。

图 7-220　厚涂车身整流罩及前轮挡泥板

图 7-221　厚涂 LOGO

图 7-222　绘制暗面

图 7-223　绘制亮面及高光线

图 7-224　厚涂车灯及转向灯

图 7-225　绘制车灯亮面

图 7-226　完成效果图

明式圈椅 | 一种文化的传承

圈椅起源于我国明朝时期，是明式家具的重要代表之一，体现了明代造物思想及文人审美智趣。圈椅因其大弧度圈状靠背得名，是明式家具中广为人知的一类家具，其典型特征为方圆结合，上圆下方，以圆为主旋律。搭脑呈圆滑弧线，自高向低与扶手成为一体，椅圈的两端向外侧卷出。椅面宽度合理，人坐在上面，两臂正好搭在弧线形的扶手上，坐圈椅的人既可以得到充分放松，又因与椅子的完美结合而不失端庄。发展至清代，圈椅的体积逐渐增大，线条趋于平直，装饰也逐渐增多。

如果说经济和政治因素是形成明式家具的客观条件的话，那么文化因素更为其注入了丰富的思想，成就了其深厚的文化内涵。明式圈椅正是受到了"天人合一"传统哲学思想的影响，反映出"崇尚自然、师法自然、道法自然"的审美认识，在造物中体现出的是物与人相得益彰，所以明式圈椅往往在造型上收放有度，彰显稳健挺拔之感。长方形座面与轭状曲线的椅圈，是整体造型的主调，其他配件与之相呼应，而靠背及镰把棍的大曲率线型则与椅圈呼应。无论是整体还是局部，都是在对比中求统一，在统一中求变化，圈椅平衡雅致、自然流畅的线条和造型结构特点就充分说明这点。

明式家具在制作中，使用了非常多的榫卯结构。纵观设计史的作品，堪称经典之作的无不是反复推敲、琢磨才能达到结构、造型、功能的完美结合，而明式家具的美已延续了数百年，可见其设计之经典。

如今，当我们再看明式家具所蕴含的传统审美时，最大的获益是通过赏析，潜移默化地将这种文人情怀、文人审美融入进日常生活中，它不是一蹴而就的，但是看得多了，自然会有所领悟。值得欣喜的是，随着时代的发展，明式家具的美也被越来越多的人发现，不少国外的设计师也开始从中国传统文化中汲取灵感。Hans J. Wegner 曾设计过多把中国风的椅子，比如 1944 年推出的"中国椅"，它的中国风外形特色非常鲜明，以及著名的"Y 椅"（图 7-227），其灵感也来源于圈椅的造型。

当然，作为未来设计师的同学们也都曾探索过传统文人审美，并通过设计实践将之进行转化，图 7-228 所示为一组以圈椅为灵感的现代家具作品。同学们不妨试着用二维软件在对经典作品进行二维表达绘制，并尝试从当下生活出发，以二维表达的形式，设计一组家具。

图 7-227　Y 椅

图 7-228　现代桌椅家具

产品设计二维表达

综合表达篇

第八章

设计案例二维表达解析

【学习目标】

1）完成复杂案例绘制。
2）熟悉复杂产品二维效果图的绘制流程并掌握相关概念。

【学习重点】

1）相关软件命令的配合使用。
2）细节的刻画。

【学习难点】

1）复杂形体的透视关系。
2）复杂形体的虚实表达。
3）整体与局部的和谐统一。

第一节　CorelDRAW 音箱表现

【学习要求】

完成音箱线框绘制，并对线框中线的作用有一定概念，绘制过程中能够对光影、色彩、细节等内容有整体的综合认知。

本节结合具体案例对二维表达方式进行解析，如图 8-1 所示的音箱，该产品的造型整体圆润，主要通过交互式填充工具、透明度工具以及高光进行二维表达。

一、音箱线框绘制

新建一个空白图像文档，然后绘制音箱线稿（图 8-2）。

25.CorelDRAW
音箱

图 8-1　音箱

TiPS 音箱整体为左右对称造型，使用贝塞尔工具 ✐ 绘制左边一半线框（图 8-3），然后对其水平镜像 ⬌，将镜像后的图形动态捕捉至合适位置（图 8-4），将左右两个线框全部选中并焊接 ⬒，便可得到一个完整的音箱外框（图 8-5）。

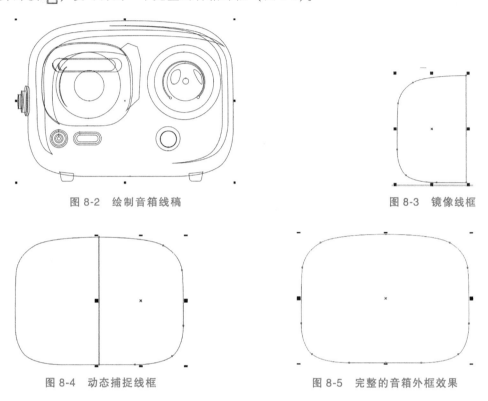

图 8-2　绘制音箱线稿

图 8-3　镜像线框

图 8-4　动态捕捉线框

图 8-5　完整的音箱外框效果

二、音箱底脚渲染

使用交互式填充工具 ◈，给音箱底脚添加一个线性渐变（图 8-6）；原地复制并粘贴底脚，填充为黑色（图 8-7）；使用透明度工具 ▦ 添加自下向上透明度（图 8-8）；继续粘贴底脚，填充为黑色，添加自左向右透明度（图 8-9）；继续粘贴底脚，填充为黑色，添加自右向左透明度（图 8-10），完成左侧底脚绘制，对左侧底脚进行水平镜像，向右移动至合适位置，完成底脚绘制（图 8-11）。

图 8-6　添加线性渐变

图 8-7　原地复制粘贴并填充为黑色

图 8-8　添加透明度

图 8-9　重复图 8-7、图 8-8 操作

图 8-10　继续重复图 8-7、图 8-8 操作

图 8-11　移动复制并水平镜像

三、音箱主体效果渲染

使用交互式填充工具，给音箱主体添加自右向左变浅的渐变效果（图 8-12），按前文所介绍的，通过绘制图形、转成位图并添加高斯式模糊的方法，添加音箱暗面，实现立体效果（图 8-13）。

使用同样的方法，在音箱左右两侧添加高光（图 8-14），完成音箱主体立体绘制。

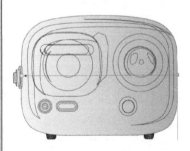

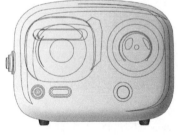

图 8-12　添加线性渐变　　图 8-13　高斯式模糊完成暗面效果　图 8-14　高斯式模糊完成亮面效果

四、音箱喇叭绘制

使用交互式填充工具，斜向下添加一个由浅到深的线性渐变（图 8-15）；原地复制粘贴线框，并缩小一些，斜向下添加一个由深到浅的线性渐变（图 8-16）。

原地复制粘贴上一步渐变填充的线框，并缩小，然后填充为黑色（图 8-17）；原地复制上一步黑色填充线框，并缩小，使用交互式填充工具，添加自左向右由浅到深的渐变效果（图 8-18）。

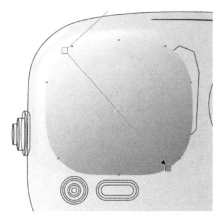

图 8-15　由浅到深的线性渐变

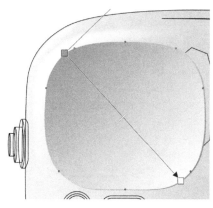

图 8-16　由深到浅的线性渐变

图 8-17　填充为黑色

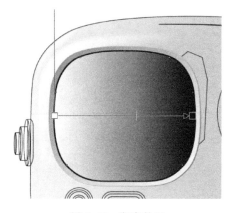

图 8-18　渐变效果

　　复制并粘贴该线框，填充为黑色（图 8-19）；对其添加透明度（图 8-20）；继续将上一步复制的图形原位粘贴，填充为白色，添加透明度（图 8-21）。完成音箱喇叭主体明暗表现（图 8-22）。

图 8-19　填充为黑色

图 8-20　添加透明度

　　绘制图形并填充为白色，转换成位图，添加高斯式模糊，绘制高光效果（图 8-23）。选择喇叭孔线框，填充为黑色（图 8-24）。

图 8-21　填充为白色

图 8-22　添加透明度

图 8-23　高光效果

图 8-24　填充为黑色

五、喇叭渲染

选择喇叭线框，使用交互式填充工具◇，单击椭圆形渐变 ▦，添加椭圆形渐变（图 8-25），通过一个椭圆形渐变实现喇叭的立体表现。椭圆形渐变参数设置如图 8-26 所示。选择内部小圆，填充为黑色（图 8-27）。

图 8-25　椭圆形渐变

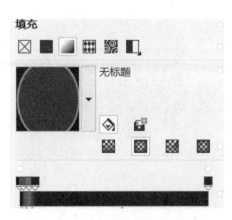

图 8-26　渐变参数设置

使用交互式填充工具，绘制喇叭孔边缘立体效果（图 8-28）。

图 8-27　填充为黑色

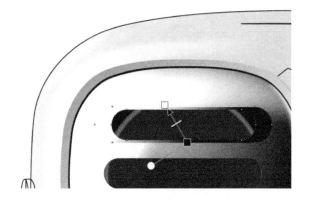

图 8-28　喇叭孔边缘立体效果

填充为黑色，继续绘制喇叭孔立体效果（图 8-29），将该图形缩小，使用交互式填充工具，添加线性渐变，绘制出金属立体光影效果（图 8-30），参数设置如图 8-31 所示。

图 8-29　喇叭孔立体效果

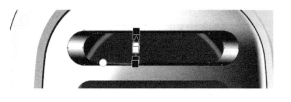

图 8-30　金属立体光影效果

将上一步渐变填充线框原地复制粘贴，并更改为黑色填充效果（图 8-32）；添加透明度，表现喇叭孔边缘明暗变化效果（图 8-33）。

继续按此方法完成下面两个喇叭孔的边缘立体效果（图 8-34）。

添加椭圆形渐变填充（图 8-35），参数设置如图 8-36 所示。完成喇叭孔整体效果绘制（图 8-37）。

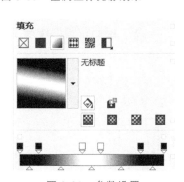

图 8-31　参数设置

图 8-32　黑色填充效果

图 8-33　喇叭孔边缘明暗变化效果

图 8-34　边缘立体效果

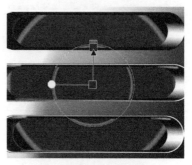

图 8-35　椭圆形渐变填充

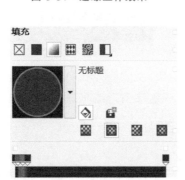

图 8-36　参数设置

图 8-37　完成效果

六、左侧按键绘制

左侧按键为金属按键，主要通过交互式填充工具 以及透明度工具 表现。使用交互式填充工具 ，绘制按键底座渐变效果（图8-38）；继续添加渐变效果（图8-39），参数设置如图8-40所示。

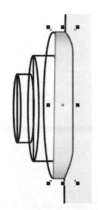

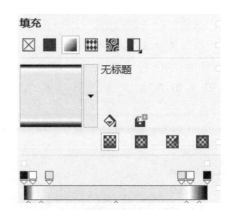

图 8-38　按键底座渐变效果　　图 8-39　继续添加渐变效果　　　　　　图 8-40　参数设置

原地复制上一步渐变效果线框，填充为黑色（图8-41）；对其添加透明度（图8-42）。

使用交互式填充工具 ，从上往下添加渐变，绘制金属质感效果（图8-43），参数设置如图8-44所示。

图 8-41　填充为黑色

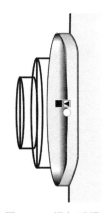

图 8-42　添加透明度

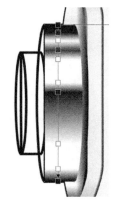

图 8-43　绘制金属质感效果

选择线框并填充为黑色（图 8-45），重复上面操作，完成按键绘制（图 8-46）。

图 8-44　参数设置

图 8-45　填充为黑色

选择绘制好的按键，鼠标左键按住不放向右移动至合适位置，单击鼠标右键然后释放左键，将其移动复制粘贴，然后水平镜像 ，移动位置至右侧合适位置（图 8-47）。

图 8-46　完成按键绘制

图 8-47　水平镜像按键

七、音箱显示界面渲染

使用交互式填充工具 ，从下往上添加渐变（图 8-48），原地复制粘贴上一步图形，使用透明度工具，做出立体效果（图 8-49）。

图 8-48　添加渐变

图 8-49　立体效果

使用交互式填充工具，单击椭圆形渐变，添加椭圆形渐变（图 8-50），表现出旋钮指示盘立体效果。椭圆形渐变参数设置如图 8-51 所示。

图 8-50　椭圆形渐变

图 8-51　椭圆形渐变参数设置

使用交互式填充工具，单击椭圆形渐变，添加椭圆形渐变（图 8-52），表现出黑色指示转轴立体效果。椭圆形渐变参数设置如图 8-53 所示。

图 8-52　椭圆形渐变

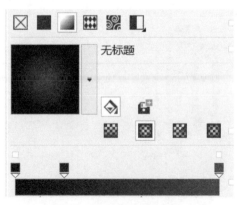

图 8-53　椭圆形渐变参数设置

选择上一步中的图形旋钮，使用阴影工具添加阴影效果（图 8-54）。

产品设计二维表达

选择文字工具 **字**，靠近圆圈，等工具右下角显示一个小曲线时，鼠标左键单击一下，在上面文字属性框中，选择指定文本方向 ⌐ **ABC** ▼ ，输入数字（图 8-55），选择文字并单击右键，在右键菜单中选择 ↻ 转换为曲线(V)，将文字转化成曲线，使用阴影工具 ◻ 添加阴影效果（图 8-56）。完成旋钮数字绘制（图 8-57）。

图 8-54　阴影效果

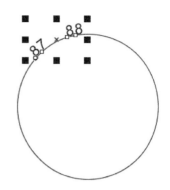

图 8-55　输入数字

图 8-57　完成旋钮数字绘制

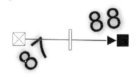

图 8-56　阴影效果

添加一个暗面，添加高斯式模糊过渡面效果（图 8-58）；在对象管理器中选择制作好的旋钮，并右键选择顺序中的 🔍 **置于此对象前**(I)..，将其置于过渡面之前（图 8-59），也可直接在对象管理器中进行顺序调整。

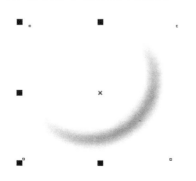

图 8-58　高斯式模糊过渡面效果

图 8-59　置于过渡面之前

使用交互式填充工具  绘制指针效果（图8-60），指针圆轴设置为椭圆形渐变，参数设置如图8-61所示，指针设置为线性渐变，设置如图8-62、图8-63所示。使用阴影工具 添加阴影，实现空间立体效果。

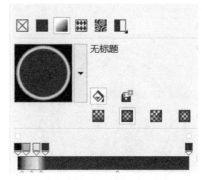

图 8-60　绘制指针效果 　　　　　　　　　　　　　图 8-61　椭圆形渐变参数设置

使用高斯式模糊效果添加高光，完成指示盘绘制（图8-64）。

图 8-62　线性渐变参数设置（1）　　图 8-63　线性渐变参数设置（2）　　图 8-64　完成指示盘绘制

八、装饰件渲染

使用交互式填充工具 ，添加装饰件底座线性渐变（图8-65）；继续使用交互式填充工具 ，添加线性渐变（图8-66）；添加椭圆形渐变（图8-67），参数设置如图8-68所示；纯色填充，完成绘制（图8-69）。

图 8-65　装饰件底座线性渐变 　　　　　　　　　　　图 8-66　线性渐变

图 8-67 椭圆形渐变

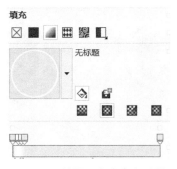

图 8-68 椭圆形渐变参数设置

图 8-69 完成绘制

使用线性渐变填充→转换位图→高斯式模糊的方法，完成指示灯与音箱机身过渡面效果（图8-70）；填充为黑色（图8-71）；填充为黑色→转换位图→高斯式模糊，绘制出过渡面效果（图8-72）；使用交互式填充工具  ，线性渐变绘制指示灯透明罩效果（图8-73）。绘制矩形，填充为黑色（图8-74），添加线性透明度（图8-75）。

图 8-70 过渡面效果

图 8-71 填充为黑色

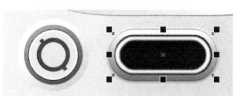

图 8-72 过渡面效果

图 8-73 指示灯透明罩效果

图 8-74 填充为黑色

原地复制该透明罩线框，填充为黑色，使用透明度工具 ▦ 添加透明度（图8-76、图8-77）（注意：该步骤需连续做两次"复制→添加透明度"），完成透明罩立体效果；添加高光，完成指示灯绘制（图8-78）。

图 8-75 线性透明度

图 8-76 添加透明度（1）

图 8-77　添加透明度（2）

图 8-78　完成指示灯绘制

九、音箱旋钮绘制

使用交互式填充工具，添加圆锥形渐变效果（图 8-79），参数设置如图 8-80 所示。按线性渐变→转换位图→高斯式模糊的方法，绘制旋钮装饰圈（图 8-81）；绘制圆，填充为黑色（图 8-82）；绘制圆，继续使用交互式填充工具，添加椭圆形渐变，绘制旋钮凹陷效果（图 8-83），参数设置如图 8-84 所示。

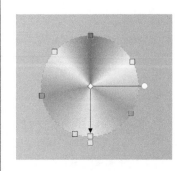

图 8-79　圆锥形渐变

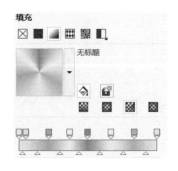

图 8-80　圆锥形渐变参数设置

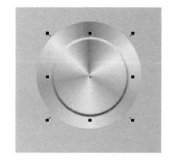

图 8-81　绘制旋钮装饰圈

图 8-82　填充为黑色

图 8-83　旋钮凹陷效果

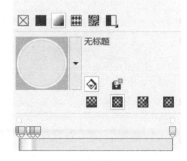

图 8-84　椭圆形渐变参数设置

绘制图形，填充为黑色（图 8-85）→转换为位图→添加高斯式模糊，做出暗面效果（图 8-86）（此处也可使用阴影工具给黑色图形添加阴影，并在阴影上单击右键，在右键菜单中选择"拆分阴影群组"，如图 8-87 所示，删除黑色图形）。选择最开始做锥形渐变效果的线框，使用阴影工具，添加阴影，表现出旋钮与音箱之间的空间距离效果（图 8-88）。

162

产品设计二维表达

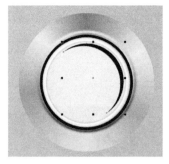

图 8-85　填充为黑色

图 8-86　暗面效果

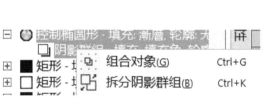

图 8-87　拆分阴影群组

图 8-88　空间距离效果

旋钮高光的绘制。绘制图形，填充为白色，添加透明度效果（图 8-89）；填充为白色（图 8-90），填充为深灰色（图 8-91），中间填充浅灰色，制作旋钮细节（图 8-92）；移动复制粘贴一个旋钮（图 8-93）。

图 8-89　透明度效果

图 8-90　填充为白色

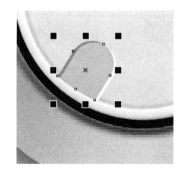

图 8-91　填充深灰色和白色，做
出立体效果

图 8-92　旋钮细节

图 8-93　移动复制粘贴一个旋钮

绘制一个图形（图8-94），填充为黑色（图8-95），转换成位图，并添加高斯式模糊（图8-96），完成音箱喇叭孔的立体效果。

图8-94 绘制一个图形   图8-95 填充为黑色   图8-96 转换成位图，并添加
高斯式模糊

第二节　SketchBook 绘制摩托车透视效果图

【学习要求】

完成复杂的线稿绘制；上色前先浏览绘制步骤，对产品整体的光影、配色有大致了解，在完成案例过程中，提升使用工具命令的熟练度；在绘制各个部件时，能够合理运用光影分析；最终完成整体和谐、细节到位、虚实有度的复杂产品绘制。

为加强学生自主学习能力，本节内容只列出简略步骤，不再具体介绍绘制方法和工具。请用SketchBook绘制图8-97所示的摩托车透视效果图。

26.SketchBook
摩托车(3)

27.SketchBook
摩托车(4)

图8-97 摩托车透视效果图

一、绘制线稿，添加底色

如图8-98~图8-100所示。

产品设计二维表达

图 8-98　铅笔工具绘制线稿

图 8-99　喷枪工具配合橡皮擦工具绘制阴影

图 8-100　板刷工具厚涂暗面底色

二、发动机护板绘制

如图 8-101~图 8-115 所示。

图 8-101　添加细节，浅灰色继续厚涂底色

图 8-102　厚涂绘制护板及发动机

图 8-103　喷枪工具绘制明暗

图 8-104　黑色厚涂护板

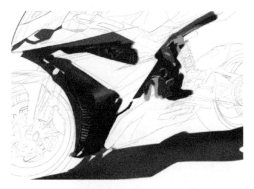

图 8-105　喷枪工具绘制亮面，铅笔添加纹理

图 8-106　黑色厚涂

图 8-107　绘制亮面

图 8-108　亮面完成效果

图 8-109　绘制边缘高光

图 8-110　厚涂发动机下护板

图 8-111　白色铅笔绘制纹理

图 8-112　喷枪工具绘制暗面

产品设计二维表达

图 8-113 喷枪工具绘制亮面，铅 　　图 8-114 黑色厚涂细节 　　　　图 8-115 铅笔绘制高光
　　　　　笔绘制高光

三、车风挡的表现

如图 8-116~图 8-128 所示。

图 8-116 厚涂风挡 　　　　　　图 8-117 厚涂暗面 　　　　　　图 8-118 绘制明暗面

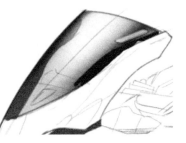

图 8-119 厚涂边界 　　　　　　图 8-120 厚涂铭牌 　　　　　　图 8-121 完成铭牌绘制

图 8-122 厚涂反光镜 　　　　　图 8-123 绘制亮面 　　　　　　图 8-124 添加高光

图 8-125　厚涂仪表

图 8-126　绘制暗面

图 8-127　绘制接缝

图 8-128　绘制细节

四、车头、上整流罩、车尾架的绘制

如图 8-129～图 8-151 所示。

图 8-129　厚涂整流罩及车尾架

图 8-130　喷枪工具及橡皮擦工具
厚涂车尾阴影

图 8-131　铅笔绘制接缝线

图 8-132　铅笔绘制纹理

图 8-133　喷枪工具绘制暗面

图 8-134　喷枪工具绘制亮面

图 8-135　铅笔绘制接缝线

图 8-136　厚涂车身上装饰板暗面

图 8-137　绘制暗面及定风翼

图 8-138　厚涂车头

图 8-139　喷枪工具绘制暗面

图 8-140　绘制亮面

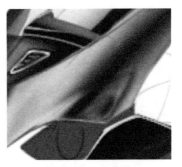

图 8-141　细节绘制

图 8-142　喷枪工具绘制明暗面

图 8-143　厚涂暗面及绘制边缘高光线

图 8-144　喷枪工具绘制高光面

图 8-145　绘制暗面，表现面转折关系

图 8-146　绘制亮面

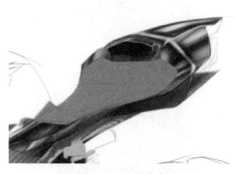

图 8-147　厚涂车座

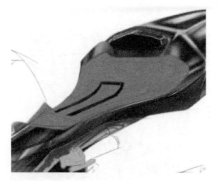

图 8-148　厚涂接缝线

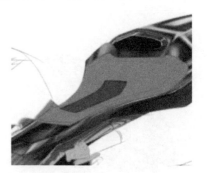

图 8-149　厚涂车座分面

图 8-150　喷枪工具绘制暗面

图 8-151　喷枪工具绘制边缘高光线

五、侧整流罩的绘制

如图 8-152~图 8-158 所示。

图 8-152　厚涂车身侧整流罩

图 8-153　喷枪工具绘制暗面

图 8-154　绘制亮面

图 8-155　绘制暗面，表现护板造型曲面变化

图 8-156　绘制高光线

图 8-157　厚涂边缘

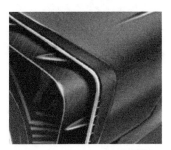

图 8-158　喷枪工具绘制边缘明暗面

六、油箱的绘制

如图 8-159~图 8-167 所示。

图 8-159　厚涂油箱

图 8-160　喷枪工具绘制明暗面

图 8-161　绘制亮面

图 8-162　继续绘制亮面

图 8-163　绘制细节暗面

图 8-164　绘制亮面及曲面边缘高光线

图 8-165　绘制油箱与进油口分界面

图 8-166　厚涂加油口暗面

图 8-167　绘制高光线

七、车头的绘制

如图 8-168~图 8-176 所示。

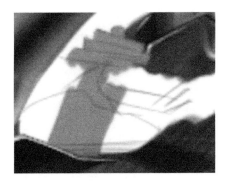

图 8-168 厚涂前减振

图 8-169 绘制明暗面

图 8-170 厚涂车把手

图 8-171 绘制暗面

图 8-172 厚涂车把手曲面

图 8-173 厚涂亮面及车把手纹理

图 8-174 绘制车灯

图 8-175 绘制车灯暗面

图 8-176 绘制车灯暗面及高光线

八、减振及车身支架的绘制

如图 8-177~图 8-187 所示。

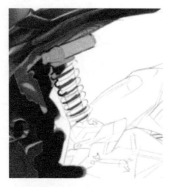

图 8-177　厚涂后减振

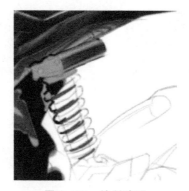

图 8-178　绘制暗面

图 8-179　厚涂黑色底色及添加高光

图 8-180　绘制亮面

图 8-181　厚涂减振弹簧

图 8-182　绘制暗面

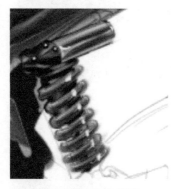

图 8-183　添加高光

图 8-184　厚涂编织车管架

图 8-185　绘制暗面

图 8-186　添加高光

图 8-187　阶段完成示意图

九、前轮的绘制

如图 8-188 ~ 图 8-219 所示。

图 8-188　厚涂浮动制动盘

图 8-189　绘制暗面

图 8-190　绘制亮面

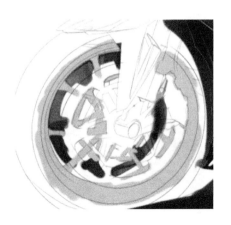

图 8-191　厚涂轮毂

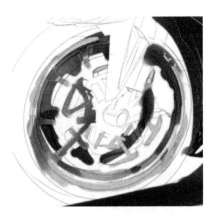

图 8-192　绘制暗面

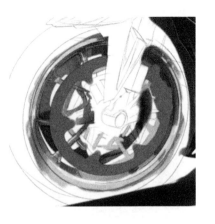

图 8-193　厚涂外侧浮动制动盘

图 8-194　绘制暗面

图 8-195　绘制边缘线

图 8-196　厚涂浮动制动盘支架

图 8-197　绘制暗面（1）

图 8-198　绘制暗面（2）

图 8-199　绘制边缘及添加细节

图 8-200　添加高光

图 8-201　厚涂前减振下部分

图 8-202　绘制暗面

图 8-203　绘制亮面

图 8-204　添加高光

图 8-205　厚涂前减振支承部件

图 8-206　绘制暗面

图 8-207　继续绘制暗面

图 8-208　加深暗面

图 8-209　继续加深暗面

图 8-210　添加高光

图 8-211　厚涂车轮胎

图 8-212　绘制轮胎明暗面

图 8-213　绘制轮胎纹理暗面

图 8-214　绘制轮胎纹理高光

图 8-215　厚涂前轮挡泥板

图 8-216　绘制纹理

图 8-217　绘制暗面

图 8-218　绘制亮面

图 8-219　添加高光加深暗面加强对比

十、后轮绘制

如图 8-220~图 8-241 所示。

图 8-220　厚涂后轮毂

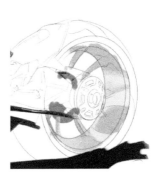

图 8-221　绘制暗面

图 8-222　绘制暗面

图 8-223　厚涂轮毂侧面

图 8-224　绘制侧面暗面

图 8-225　厚涂后轮

图 8-226　绘制暗面

图 8-227　绘制轮胎纹理暗面

图 8-228　绘制轮胎纹理亮面

图 8-229　细化轮胎暗面

图 8-230　厚涂后轮挡泥板

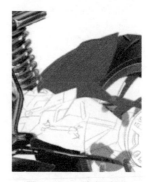

图 8-231　绘制纹理

图 8-232　绘制暗面

图 8-233　绘制亮面添加高光

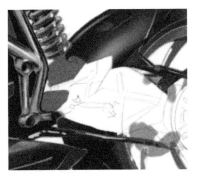

图 8-234　厚涂后摇臂加强部件

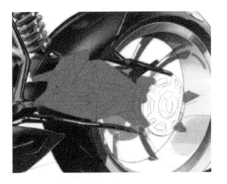

图 8-235　绘制加强件暗面及厚涂后摇臂

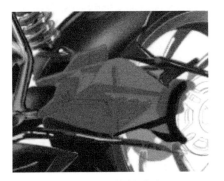

图 8-236　厚涂摇臂暗面

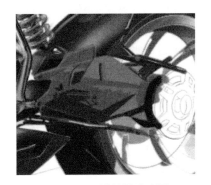

图 8-237　继续厚涂暗面

图 8-238　绘制高光及接缝线

图 8-239　厚涂后制动

图 8-240　厚涂后制动亮面

图 8-241　厚涂暗面加强对比

太湖石 | 当传统艺术融入当代生活

太湖石，又名窟窿石、假山石，是由石灰岩遭到长时间侵蚀后形成的，分为水石和干石两种。太湖石被誉为中国古代著名的四大奇石（英石、太湖石、灵璧石、黄蜡石）之一，因盛产于太湖地区而得名。通灵剔透的太湖石姿态万千，最能体现"皱、漏、瘦、透"之美，其色泽以白石为多，少有青黑石、黄石。

纵观我国历史中的太湖石，可以看到其蕴含的中华民族传统人文价值观。太湖石的美不仅体现在其圆润、形状多样、纹路交织纵横的形态中，还体现在它赋予了人们无尽的遐想：皱漏透瘦，始于自然造化；虚实相生，合乎道家思想。所以古代文人墨客在欣赏太湖石时，不仅可以体会山水之美，还能感受到精神的升华。

随着我国综合国力的发展，文化自信已成为构建社会主义核心价值观的重要内涵，而文明的传承与创新就是文化自信的表现形式之一。在当今艺术界将太湖石作为一个重要的文化载体时，我们应当思考的是，如何并赋予其新的艺术生命，以怎样的心态来解读和表现它。

从当代产品设计的发展来看，设计已经不再停留于"为新时代追求新造型"，也不再只关注"适应不同市场及人群的需求"，而是在更高、更广的层面上发展"一种积极的文化行为"。简而言之，就是通过设计来赋予产品功能以外的人文价值，重新建立产品与文化的关联。这种联系需要通过设计将传统的形式与意义加入新的变化。这样的设计，才是不断推陈出新的设计，符合时代发展的设计。

图 8-242 所示为以太湖石为灵感的包袋设计作品，设计师将传统文化符号再创新的关键在于理解传统并能结合当代的需求，用现代人熟悉的语言和形式呈现出来。从旧的命题中凝结创造出新的意象与概念，适应当下的时代审美风格，启发新的文化思考，是增强艺术生命力的一种趋势。设计师首先在平面上提取太湖石的造型特征因素，将其复杂形象解构，提取基本元素，去除繁杂的细枝末节，保留并且强调太湖石的审美特征"皱、漏、瘦、透"，重新组合设计，融入现代审美元素，完成传统太湖石形体的转换。下面，我们通过这款包袋的二维表达练习，来近距离体会太湖石的美吧。

图 8-243 所示为该系列包袋产品的其他几款作品，分别以苏州拙政园中的"梧竹幽居""小飞虹""绿漪亭"为素材，结合功能需求，使用借景、简化等设计手法进行了创新设计实践。同学们可以通过对实物的二维转化，来进一步巩固二维表达技能。

图 8-242 太湖石主题包袋

图 8-243 传统文化创意系列作品